Begründer des amoismus

Reinhold Messner
Selbstversorger & Bergbauer

Magdalena Maria Messner

mit Bildern von Udo Bernhart

blv

INHALT

Zwischen Winter- und Sommerdomizil

Innerhalb der Burgmauern Schloss Juvals bläst ständig der Wind. Er pfeift und heult oder weht nur leicht, doch ist er konstant vorhanden. Auch bringt er die Bäume der Schlosshöfe zum Rauschen. Jene Himalaja- Zedern, bei deren Anblick mein Vater wusste, dass dies die »Fluchtburg« ist, die er jahrelang gesucht hatte. Er entdeckte Juval zufällig, sah die kühn aufragenden Schlosstürme von der Talstraße aus und fuhr kurzerhand in schmalen Serpentinen die neu angelegte Schotterstraße den Hügel hinauf. Als sie mittendrin plötzlich aufhörte, ging er zu Fuß weiter, kletterte das letzte Stück über die Schlossmauern. Und obwohl sich kein einzig bewohnbarer Raum in der verfallenen Anlage befand – Decken und Fenster fehlten ebenso wie Zugangsbrücken –, ließ er sich von ihrem desolaten Zustand nicht abschrecken. Im Gegenteil, so hatte er genug Raum zum Gestalten. Noch am selben Tag konnte der Besitzer ausfindig gemacht werden und wenig später gehörte die Halbruine ihm. Damit brüskierte er viele Südtiroler, darunter auch meinen Großvater, denn schließlich gehörte es sich nicht, dass ein Bergsteiger in einem Schloss wohnt. Sie setzten dies mit Hochmut gleich, empfanden es als Affront und meinten gleichzeitig, nur ein Irrer kaufe einen Haufen Steine! Mein Vater aber ließ sich davon nicht aus dem Konzept bringen. Warnungen, dass diese Sanierung nicht machbar sei, schlug er in den Wind und wohnte zu Beginn mit Schlafsack und Matte im Kastell.

Meine Eltern hätten am liebsten das ganze Jahr über auf Schloss Juval gewohnt. Das alte Gemäuer aber ist in den Wintermonaten schwer zu erreichen und nahezu unmöglich zu beheizen. Deshalb wurde es zum Domizil der warmen Jahreszeiten. Das restliche Jahr über lebten wir in München oder waren auf Reisen, wir führten ein Halbnomadenleben. Mit meiner Einschulung jedoch ging diese freie Lebensform zwangsläufig zu Ende – und damit die Entscheidung einher, wo unser Lebensmittelpunkt ab nun sein sollte, wo wir Kinder aufwachsen sollten.

Sie suchten lange. Bis sie unverhofft auf einen Jugendstilbau in Meran stießen: Ein ehemaliges Grandhotel – von der Tourismuspionierin des Alpenraumes um die Jahrhundertwende in der Kurstadt eröff-

net und damals das Flaggschiff der Meraner Hotellerie – stand zum Verkauf. Franz Kafka und Arthur Schnitzler stiegen hier unter anderem ab. Während der Schulzeit waren wir seither in Meran zu Hause; die Sommerferien über, im Juli und August, aber immer auf Juval. Der alljährliche Umzug zu Beginn und Ende der beiden Monate ist ein fixes Ritual unserer nunmehr fünfköpfigen Familie.

Schloss Juval ist Rückzugs- und Ruheort. An besonders feuchten Tagen, wenn um den Burgfelsen weiße Nebelschwaden ziehen und so für das Auge eine undurchdringliche Wand entsteht, fühlt man sich vollkommen abgeschnitten von der Außenwelt. Die Zeit scheint still zu stehen. Nur hin und wieder lichten sich die Wolkenmassen stellenweise. Dann rücken Ausschnitte der fernen Umgebung für einen

Links ~ Auf dem Juvaler Hügel leben neun Familien, im Sommer sind es mit uns zehn. Teils wohnen drei Generationen unter einem Dach, wie es in der bäuerlichen Kultur seit jeher üblich ist.

Bild Seite 6 ~ Nebelschwaden ziehen häufig um den Schlosshügel Juvals, wenn die Feuchtigkeit aus dem Talboden aufsteigt – dann scheint die Zeit still zu stehen.

Bild Seite 7 ~ Zum Yakauftrieb in Sulden nahm mich mein Vater schon als kleines Mädchen mit. Ganz geheuer war mir das aber nicht: Sicher fühlte ich mich nur hoch oben auf seinen Schultern.

Moment ins Blickfeld, bevor sie erneut zu Schattenrissen und wieder verschluckt werden. In diesen Augenblicken bekommt man eine Ahnung davon, wie einsam und abgeschottet, nicht nur entbehrungsreich und hart, das Leben für die früheren Schlossbewohner hier oben gewesen sein muss. Wir hingegen genießen es heute fernab von allem zu sein, wie in Watte verpackt, und schotten uns gegen den Zeitgeist der ständigen Erreichbarkeit ab: Dass es nur zwei Fernsehprogramme und keinen Internetempfang gibt, ist daher ein Umstand, den alle gerne hinnehmen.

Als Kind interessierte ich mich nicht besonders für die Historie der Burg, dafür sehr für die Schauer- und Gruselgeschichten, die die umliegenden Bauern erzählten: Ich glaubte an den Schwarzen Ritter von Juval und an ein Schlossgespenst und tröstete meinen kleinen Bruder – und mich selbst gleich mit – immer dann, wenn er es aufgrund meiner fantasievollen Erzählungen mit der Angst zu tun bekam. Gerade wenn wir im Bett lagen und das alte Holz in der Dunkelheit ächzte und knarzte, das vermeintliche Schlossgespenst also unterwegs war. Dennoch verstand ich nie, warum die Nachbarskinder sich nicht in den nächtlichen Burghof trauten. Mir war in der Finsternis zwar manchmal auch mulmig zumute und das Rauschen der Bäume im Wind unheimlich, aber nur Gewitter, die in einer solch ausgesetzten Lage besonders eindrucksvoll ausfallen, ängstigten mich wirklich. Die frühen Erbauer der Burg wussten jedoch ganz genau, warum sie sich gerade auf dieser Felskuppe niederließen, denn Unwetter – sowohl aus dem Etsch- wie auch aus dem Schnalstal kommend – ziehen am Schlosshügel meist wie an einer Schneise vorbei. Der Blitz hat schon lange nicht mehr in die Burg eingeschlagen und der Hagel verschont den Hügel in der Regel ebenso. Zudem setzten sich bei nächtlichen Gewittern immer unsere Eltern zu uns. Und unser Vater erzählte von den Kegel spielenden Riesen in den Bergen von Villnöß: Die rollenden Kugeln erklärten den grollenden Donner, die Blitze zeigten einen Volltreffer an.

Die Monate auf Juval waren immer die schönste Zeit in unserer Kindheit und bedeuteten für uns Kinder die pure Freiheit: keine Schule, keine Verpflichtungen. Wir waren vollkommen frei – bis auf das Mithelfen im Garten bei der Ernte und das pünktliche Erscheinen zum Mittag- und Abendessen. Auf das Einhalten dieser Regel legte unsere Mutter großen Wert. Den restlichen Tag aber verbrachten wir mit den Nachbarskindern, halfen bei ihren täglichen Pflichten auf der Wiese oder im Stall, bauten Hütten im Wald; schliefen im Heu, unter dem Glasdach der Ruine und im »Spielturm«, den unser Vater für uns Kinder mit einer Hängeleiter und -brücke versehen hatte und der alleine unser Reich war; gingen an heißen Tagen zur Abkühlung »Beregner-Rennen« oder bastelten und spielten irgendwo. Dabei waren wir erfinderisch und ich verkaufte schon früh Obst, Säfte und Zeichnungen an die Wanderer, die im Sommer vorbeikamen.

Wir erlebten, wie das bäuerliche Leben und das mühevolle Arbeiten in der Landwirtschaft vonstattengehen. Wir lernten, dass Nutztiere geschlachtet werden, dass alle ihre zugeteilten Aufgaben gewissenhaft erfüllen müssen, damit der Ablauf reibungslos funktioniert, und dass man die Natur und den Tod nur bedingt beeinflussen kann. Auch erkannten wir, dass die bewusst gewählte Abgeschiedenheit eigenbrötlerische, menschenscheue, schrullige Unikate, einen ganz eigenen Menschenschlag, hervorbringen kann. Und uns wurde, das Leben auf einer Burg betreffend, bewusst, dass wir dadurch von manchen mit Argwohn betrachtet wurden, dass wir in ihren Augen nicht ihresgleichen waren.

Diese Erfahrungen und das von unseren Eltern entgegengebrachte Vertrauen, obwohl es überall Felsen und Abgründe gab, verhalfen uns zu Selbstständigkeit und Selbstvertrauen. Natürlich gab es in unserer bunt gemischten Kinderbande mitunter auch Streitereien und Unstimmigkeiten, diese aber klärten wir immer selbst untereinander. Das Erkunden des Hügels füllte uns derart aus, dass wir weder in die Stadt noch sonst wohin wollten – dieser kleine Kosmos reichte uns vollkommen, das war unsere Welt: zwischen Bauerngärten, gepflasterten Wegen, Schafen auf der Weide, Kühen im Stall, gestapeltem Brennholz, rundherum Wald. Und wenn uns das alles zu viel wurde, dann hatten wir Burgmauern, die uns schützten.

Weil nach den Gärten und allgemein nach dem Rechten gesehen werden muss, sind wir das ganze Jahr über regelmäßig auf Juval – Meran liegt nur eine halbe Stunde Autofahrt entfernt. So ist der Wechsel zwischen Sommer- und Winterdomizil, das fortlaufende Pendeln zwischen Juval und Meran zu einem festen Rhythmus geworden. Das bäuerliche Umfeld hat uns Kinder genauso geprägt wie die Lebenseinstellung unserer Eltern. Wir reisen viel und gerne – auch um diesem wunderschönen, aber engen und kleinen Land zwischendurch zu entfliehen – und kommen doch alle immer wieder gerne zurück. Wir sind zwar Weltenbummler, aber hier fest verwurzelt. Und auch wenn die Südtiroler Welt uns regelmäßig zu klein erscheint und uns das Fernweh packt, dann nie so sehr im Sommer, denn die Juvalzeit ist begrenzt und etwas ganz Besonderes – gibt es für uns doch keinen schöneren Platz auf der Welt.

Der Zauber Juvals ist in diesem Buch erahnbar. Vielmehr geht es mir aber darum zu ergründen, wie die autarke Lebensführung und das landwirtschaftliche sowie kulturelle Selbstversorgerkonzept meines Vaters funktionieren; wie er und seine Vorstellungen von den darin involvierten Menschen gesehen werden. Pächter, Mitarbeiter und Reinhold Messner kommen deshalb zu Wort. Genauso wie die Betreiber ähnlicher Wirtschaftsmodelle, die ebenfalls an die Jahrhunderte alte Landwirtschaftsform der alpinen Bewohner anknüpfen und sie mit neuen Konzepten verbinden. Um hoch oben in den Bergen weiterhin überleben zu können. Sie alle zeichnen vielschichtige Porträts – von meinem Vater und seinen Bergbauernhöfen sowie Museen. Und von den Protagonisten selbst als Erzählenden.

Rechts ~ Vor bald 30 Jahren kaufte mein Vater seinen ersten Bergbauernhof: um sich seinen Kindheitstraum zu erfüllen und sich Sicherheit zu verschaffen. Hausyaks aus dem Himalaja hielt er in Sulden von Anfang an.

REINHOLD MESSNER

»Ich bin heute mehr Bergbauer als Bergsteiger«

Schon als Kind wollte ich Bauer werden, Bergbauer natürlich, weil ich in einem Bergtal in Südtirol lebte. Oft bin ich mit meinem Großvater, ein sogenannter Kleinhäusler, von Oberhüttel über die Brücke von der Schattenseite zur Sonnenseite im Villnößtal spaziert, zu seinem Bienenstand, der im Gebüsch unterm Schlatzner-Hof stand. Mein Großvater, der Vater meines Vaters, erschien mir damals ohne Alter, er war großgewachsen und dürr, erledigte alles selbst und fuhr im Winter mit dem Schlitten zur Kirche. Seine drei Wiesen gaben Heu für zwei Kühe, das Grünzeug für die beiden Schweine wuchs am Bachrand, und hinterm Stadel waren Kartoffel- und Getreideacker. Den Gemüsegarten vor dem Feuerhaus pflegte seine Frau, die den Sommer und Herbst über in den Wald ging, um Beeren zu sammeln: Himbeeren, Erdbeeren, Heidelbeeren und spät im Jahr, mit dem ersten Frost, die Preiselbeeren. Sie kümmerte sich auch um die Hühner, kochte die Waldbeeren ein, machte Sauerkraut, Butterschmalz und allerlei Säfte. Zweimal im Jahr wurde Roggenbrot gebacken, im eigenen Backofen vor dem Haus. Die Paarlen, fingerdickes Fladenbrot, wurden einzeln in hölzerne Brotruhmen gesteckt, die am Dachboden hingen. Das getrocknete Brot hielt lange vor und wurde hart gegessen. Zur Jagd ging Großvater zu meiner Zeit nicht mehr, aber Jahr für Jahr wurde im eigenen Wald Brennholz gemacht, das er im Winter auf Schlitten ins Tal zog. So hatten die Großeltern alles, was sie zum Leben brauchten: Holz zum Heizen, Gemüse, Fleisch, Speck, Kartoffeln,

Honig, allerlei Marmeladen und Säfte, von denen ich zu trinken bekam, wenn ich zu Besuch bei ihnen war.

Auch mein Vater hatte ein Stück Acker gepachtet, wo Kartoffeln und Rüben wuchsen, am Rand stand ein alter Kirschbaum, der im Juni voller dunkelroter Früchte war. Er hielt Kaninchen und Hühner und im Garten vor dem Haus wuchsen Kräuter, Gemüse und Salat. Vieles aber von dem, was wir zum Leben brauchten, mussten meine Eltern einkaufen.

Die Milch holten wir Kinder beim Zelln, der seinen stattlichen Bauernhof in Kombination mit einem Gasthaus betrieb. Die alltäglichen Einkäufe besorgte die Mutter im Krämerladen ihres Vaters.

Ich beneidete meine Klassenkameraden, die großteils von Bauernhöfen kamen, in den ersten Schuljahren nicht. Viele kamen von weither zur Schule, die neben dem Kirchplatz stand, und alle mussten daheim mithelfen. Es waren die Bauern, die damals im Tal bestimmten. Sie stellten den Bürgermeister, hatten im Gemeinderat eine klare Mehrheit und kümmerten sich um Feuerwehr, Almwirtschaft und das Wohlergehen des Pfarrers. Die Gesamtbevölkerung im Villnößtal akzeptierte diese Überrepräsentation des Bauernstandes, weil es die Bauern waren, die mit ihrer Lebensweise das kulturelle Erbe von Jahrhunderten weitergaben. Generation für Generation. Die allermeisten waren Selbstversorger, eine arbeitsteilige Gesellschaft war ihnen fremd und über das Tal hinaus waren die meisten von ihnen nicht gekommen. Nur während der großen Kriege hatte das Schick-

Links ~ Sowohl früher als auch heute wird die beschwerliche Arbeit geteilt und die ganze Familie hilft mit – Männer wie Frauen, egal ob jung oder alt. Nur so ist ein wirtschaftliches Überleben möglich.

Seite 12 und 13 ~ Reinhold Messner setzt sich seit Jahrzehnten für den Erhalt der Bergbauernkultur ein. Indem er sie durch die Bewirtschaftung seiner Höfe am Leben erhält und sich auch politisch immer wieder einbringt.

Seite 16 und 17 ~ Die Pflege von Landwirtschaftsböden und der Erhalt von Jahrhunderte lang überliefertem Wissen vom Überleben im Gebirge sind Messner wichtig. Weil ihn seine Kindheit und seine Reisen in unterschiedlichste Bergregionen der Welt geprägt haben.

sal oder irgendein Befehl die Männer in ein schreckliches Chaos geworfen, von dem sie nur ungern sprachen.

Bauer und damit Selbstversorger zu sein war mehr als ein Beruf. Es war ein Zustand, der nicht nur die einzelnen Bauernfamilien trug, sondern die ganze Talgemeinschaft. Dabei war es nicht die Verbundenheit mit der Natur, noch weniger ein ökonomisches Motiv, die diesem Zustand zugrunde lagen, es war das Selbstverständnis einer Lebensform, das seit Menschengedenken zu diesem Tal gehörte: Die traditionelle Weitergabe des Hofes von Generation zu Generation gehörte dazu; dass die weichenden Kinder im Tal oder am Hof blieben und für Kost und Gewand arbeiteten; das archaische Zusammenleben von Pflanze, Tier und Mensch als Basis für dieses Modell.

Niemand wollte dieses ursprünglich bäuerliche Muster in Frage stellen, das als Erinnerungskultur bis heute weiterlebt.

Inzwischen wurde auch die Berglandwirtschaft professionalisiert. Im Zeitalter der Globalisierung mit ihrer radikalen Arbeitsteilung wird versucht, die Landwirtschaft mit Schulungs- und Modernisierungsprogrammen konkurrenzfähig zu machen. Der Bauer von heute ist ein Unternehmer und die Bergbauern vermarkten ihre Produkte organisiert in Genossenschaften, da ihre Höfe zu k ein sind für die industrielle Landwirtschaft.

Mit vierzig Jahren, sagt man, wird der Tiroler »gscheit«. Statt mir in diesem Alter Rentenpapiere als Absicherung für meine alten Tage zu kaufen, erwarb ich 1986 zwei Bergbauernhöfe: einen Viehhof und einen ehemaligen Weinhof. Beide Höfe waren verwahrlost, einer seit Jahren verlassen. Ich ahnte nicht, wie viel Zeit und Mittel notwendig sein würden, die Hofstellen und Böden zu sanieren, die Terrassen mit Reben zu bepflanzen, zuletzt verlässliche Pächter zu finden, um eine nachhaltige Landwirtschaft betreiben zu können. Ich wusste nur, dass der Boden in Südtirol knapp geworden war und die ursprüngliche Mentalität der Bergbauern schwand.

Damals gab es auch in der Stadtbevölkerung keine große Nachfrage nach einem ökologisch intakten Lebensraum und Nahrungsmittel direkt vom Bauern hatten einen bescheidenen Markt. Niemand konnte den Wertewandel zurück zum Natürlichen, den wir inzwischen in Europa feststellen, voraussehen. Trotzdem wagte ich die Wiederherstellung meiner Bergbauernhöfe. Weil ich in meiner Veranlagung Selbstversorger – so weit als möglich unabhängig – sein will. Wie die Bauern in meiner Kindheit im Villnößtal. Inzwischen lebte ich zwar im Vinschgau, auf dem Hügel von Juval, aber auch dort war die alpine Landwirtschaft im Umbruch: Monokultur allerorten, ver-

strauchte Almflächen, verlassene Höfe. Die Bauern hatten nicht mehr dieses Charisma einer ursprünglichen Erfahrung, ihr kulturelles Gedächtnis hatte faktischen Berechnungen von Arbeitseinsatz und Ertrag Platz gemacht. Ich konnte nie damit rechnen, von meinen Höfen leben zu können – musste ich sie doch zuerst wiederaufbauen –, wollte mir aber eine Sicherheit schaffen für den Notfall. Es gibt keine nachhaltigere Überlebensmöglichkeit als ein Stück Land gepaart mit dem Know-how, dieses zu bearbeiten, um sich und seine Familie ernähren zu können.

Mir ging es also um die Erhaltung und Pflege von Landwirtschaftsböden, um die Erfahrungsform des Selbstversorgers und mein Selbstverständnis als Mensch, der immer in den Bergen gelebt hatte, nicht nur auf Berge gestiegen war. Über die ökonomische Altersabsicherung hinaus sollten die Bauersleute auf Juval kulturelle Gedächtnisträger sein, wobei die Orientierung an alten Landwirtschaftsmodellen eine wesentliche Rolle spielt. Wie in der Vergangenheit werden auch in Zukunft die Vielfalt und das dazugehörige Erfahrungswissen wichtig sein. Deshalb ist Oberortl heute ein Biohof mit Schweinezucht,

»Die Einfachheit und Logik der bäuerlichen Kultur sind der größte Schatz in den Gebirgen der Erde«

Reinhold Messner

mehreren Schafarten, Obst, Gemüse, Hühnern, Holzwirtschaft und einem Gasthaus, wo die lokalen Produkte veredelt auf dem Teller angeboten werden. Nur weil die gesamte Wertschöpfung in der Hand des Bauern liegt, ist der Hof überlebensfähig. Der Weinhof Unterortl glänzt dank Martin Aurich mit Spitzenprodukten – Weine, Destillate. Ich beziehe den Pachtzins in Naturalien, genieße also hohe Nahrungsmittelqualität sowie das Gefühl des Abgesichertseins. Gemeinsam können wir auf den Höfen die schlimmste Wirtschaftskrise überstehen.

Ich weiß, dass unser Modell überlebensfähig ist, obwohl die Berglandwirtschaft mehr und mehr unter Druck gerät. Selbst der biologische Landbau wird immer weiter industrialisiert. Auch immer schneller. Die Abhängigkeit von Treibstoff, Agrochemikalien und vor allem von technischem Gerät bedeutet den Verlust von organisch gewachsenem Wissen. In erschreckender Geschwindigkeit gehen diese Schätze aufgrund des Strukturwandels in der Landwirtschaft verlo-

Links – Yaks sind ursprünglich im tibetischen Hochgebirge zu Hause. Die Hochflächen Madritschs in Sulden – für einheimische Rinder nicht erreichbar, weil viel zu steil und hoch gelegen – sind für Messners Herde daher ideale Sommerweiden. Den alljährlichen Almauftrieb übernimmt stets er selbst.

ren. Viele Bergbauern hören auf. Die alten, oft weisen, wissenden Bauern nehmen ihr wertvolles Know-how mit ins Grab. Ich selbst hatte das Glück mein Wissen mit der Arbeit auf Bauernhöfen zu sammeln und mitnehmen sowie weiterentwickeln zu können. Weil ich mit Selbstversorgerbauern zusammenarbeite, gedeiht Juval: Unsere standortangepassten Erfahrungen haben andere übernommen und so tragen wir maßgeblich dazu bei, dass andere Familien ihre Höfe weiterführen. Diese vielfältige Landwirtschaft erlaubt es, ein reiches Leben ad infinitum zu führen.

In der Landwirtschaft kommt es maßgeblich auf den Instinkt an. Es gilt zuerst, sich zu trauen, dann dem eigenen Instinkt zu folgen. Die Einfachheit und Logik der bäuerlichen Kultur ist der größte Schatz in den Gebirgen der Erde. Dieses Erfahrungswissen und die Grundprinzipien des Lebens in den Bergen als Open Sources verfügbar zu machen, sehe ich heute als eine meiner Aufgaben an. Unsere Bäuerinnen zum Beispiel sind lokale Wissensträgerinnen, ihr Knowhow, kombiniert mit den Erfahrungen aus anderen Kulturen, haben in meinem Bergvölkermuseum in Schloss Bruneck in Südtirol schon viele Anregungen ergeben, die zukunftsfähig sind. Südtirol ist nicht die letzte Gegend, wo sich bäuerliche und subsistenzorientierte Höfe halten können, aber einiges an Erfahrungswissen ist noch da, und es gilt jetzt den dynamischen Ausbau einer Plattform zu schaffen, die alle Bergkulturen zusammenzählt.

Bergbauern & Selbstversorger

Selbstversorgerlandwirtschaft in Villnöß vor 70 Jahren

Linke Seite - Bauern beim »Heuladen«. Das Heu wird, nachdem es auf der Wiese ausgebreitet getrocknet ist, zusammengerecht, mit einer Gabel aufs »Fuder« geworfen, angetreten, zusammengebunden und auf dem Heuwagen in den »Stadel« gefahren. Wobei Ochsen oder Pferde als Zugtiere vorgespannt sind.

Oben - Das gefüllte »Heutuch« – circa 40 Kilogramm schwer – wird vom Bauern auf dem Genick von der Wiese in die Scheune getragen. Das Hochkommen mit der Last erfordert Geschick.

Links - »Suren«: Im Holzfass wird die Jauche auf die Felder gefahren und über eine eigene Vorrichtung verteilt. In der Idylle stinkt es anschließend nach Gülle. Oft eine Woche lang.

Oben – Kornschneiden. Die Frauen schneiden das Korn – Weizen, Roggen, Gerste, Hafer – mit der Sichel und die Männer stellen, nachdem es zu Garben gebunden ist, die »Schober« auf. So kann es trocknen, bevor es in die Tenne kommt, wo es gedroschen wird.

Unten – Im Herbst (Wintersaat) und im Frühjahr (»Langessaat«) sät der Bauer das Korn auf die frisch gepflügte Ackererde. Anschließend wird die »Egge« darübergezogen.

Rechte Seite – Holzarbeit: In »Musel« (4,20 Meter lang) zersägte Baumstämme, die im Winter zuvor im Wald geschlagen worden sind, werden auf einer Schneebahn (meist mit Pferdeschlitten) ins Tal gebracht und in einer »Muselblumme« aufgeschichtet. In Summe eine anstrengende und gefährliche Männerarbeit. Besonders die Handhabe des »Zappins« (Spitzhacke) verlangt »Fortl«.

Frauen- und Männerarbeit waren vor 70 und mehr Jahren bis ins Detail festgelegt

Oben ~ Frauen am Spinnrad. Schafe, fast auf jedem Hof gehalten, werden zweimal im Jahr geschoren, die Wolle gewaschen, getrocknet, gekämmt, gesponnen, gestrickt oder zu Kleidern gewoben.

Oben - Das Umpflügen der Äcker ist Männersache. Die Pferde vor
dem Pflug aber führen oft Kinder, Buben oder Mädchen, die alle
bei der Arbeit mithelfen.

Linke Seite ~ Bauersfrauen in ihrer Arbeitskleidung, die Sichel in der Hand. Das Korn, oft in der Sommerhitze geschnitten, steht zum Trocknen in Garben auf dem Feld. Auf dem Hof wartet nach einem Zwölfstundentag die Haus- und Stallarbeit.

Links ~ Almwirtschaft. Vielfach betreuen Sennerinnen das Vieh auf der Alm. Zur Einsamkeit verdammt reden sie mit den Tieren und Bäumen. Angst bei Gewittern und nicht selten Heimweh nach Gesellschaft gehören dazu.

Unten ~ Der Gsoier-Bauer mit Pfeife unterhält sich vor dem Hof mit seinem Nachbarn. Neuigkeiten und Know-how werden nur so ausgetauscht.

JUVAL: EIN SELBSTTRAGENDES WIRTSCHAFTSMODELL

Das Felsenschloss als landwirtschaftlicher Ansitz

Schloss Juval, auf dem gleichnamigen Felsrücken zwischen dem Südtiroler Vinschgau und der steilen Schlucht zum Schnalstal auf fast 1.000 Höhenmetern gelegen, scheint einem Adlerhorst gleich aus dem Gneisfelsen zu wachsen. Die Frühgeschichte der »kühnsten Burg« des Tales liegt im Dunkeln, während zahlreiche Funde belegen, dass vorzeitliche Siedler schon vor 8.000 Jahren die Vorzüge des Juvaler Hügels entdeckten: seinen fruchtbaren Boden, die sonnige Lage. Felssporne und Hangterrassen entlang wichtiger Verkehrswege waren bereits damals bevorzugte Wohnplätze, konnten doch drohende Gefahren aus einer solchen Siedlungslage rechtzeitig ausgemacht werden. Mit der strategisch beherrschenden Position des Schnalstal-Zuganges und damit der Kontrolle der Verbindung zwischen Hoch- und Niederjoch, war das Juvaler Siedlungsgebiet nicht nur das weitaus größte dieser vorgeschichtlichen Zeit im ganzen Etschtal, sondern auch das bedeutendste. Ötzi, der berühmte Mann vom Similaun, kannte Juval sicherlich: Wenn er nicht sogar zeitweise dort wohnte, wie jüngste Untersuchungen nahelegen, kam er spätestens auf seinem Weg Richtung Alpenübergang daran vorbei. Das Tisenjoch, die Fundstelle der über 5000 Jahre alten Gletschermumie, liegt nur ungefähr einen Tagesmarsch von Juval entfernt. Warum und wohin die Siedler von Juval Ende der Mittelbronzezeit abgewandert sind, lässt sich bislang nicht feststellen. Doch könnte diese Entwicklung mit der allgemeinen Tendenz der Eisenzeit zusammenhängen, Großsiedlungen in der Nähe des Talgrundes zu bilden. Die Höhensiedlungen wurden dadurch oft in die Rolle von zeitweilig aufgesuchten Orten zu rituellen Zwecken gedrängt. Ob Juval auch als heidnischer Kultplatz diente?

Bisher ist nicht klar, ob es tatsächlich eine religiöse Verbindung zum Phänomen der Juvaler Schalensteine gibt. Fest steht nur, dass die in die Felsen gehöhlten Einbuchtungen weltweit vorkommen, Zeugen einer antiken Kultur sind und nicht natürlich entstanden sein können. Ob sie aber in Zusammenhang mit den Mondzyklen stehen, Sternbilder darstellen, als Mörser zum Zerstoßen von Mahlgut gedacht waren, als Feuerbohrstellen, Opfergefäße oder Wegweiser dienen sollten, weiß man nicht. Schalensteinblöcke erwecken oft den Eindruck hohen Alters – die Schalensteinplätze Juvals wurden wohl aufgrund ihrer guten Übersicht über das darunter liegende Etschtal und die umliegenden Berghänge schon früh aufgesucht: nämlich in der Jungsteinzeit (deren Beginn mit dem Übergang von Jäger- und Sammlerkulturen zu sesshaften Bauern definiert ist), wie uns Funde verraten.

Unten ~ Seit 500 Jahren sorgt der Waal, ein genial angelegter Wasserkanal, für genügend Wasser und damit Leben auf dem ansonsten steppenartigen Sonnenberg Juvals. Das Schellen der Waalglocke ist beruhigend, Stille hingegen alarmierend: Dann fließt kein Wasser und der Waal ist beschädigt oder verstopft.

Rechts ~ Noch heute profitiert der Oberortlhof vom jahrhundertealten Bewässerungssystem. Doch viel früher schon, wie Funde aus der Bronzezeit verraten, entdeckten erste Siedler die Vorzüge dieses Platzes.

Seite 30 ~ Juval hat seit jeher eine starke Anziehungskraft: Auf der Hügelkuppe wurde so mancher Kampf ausgetragen, diente die Grenzfeste doch der Wegkontrolle und den mächtigsten Fürsten als Symbol ihrer Herrschaft.

Seite 31 ~ Schalensteine zeugen von hohem Alter, auch wenn sie so manches Rätsel bergen. Dass sich auf Juval mehrere befinden, könnte darauf hinweisen, dass der Hügel als Kultplatz diente.

Links – Um die Jahrhundertwende ist von der einst eindrucksvollen Renaissanceanlage nur noch eine Ruine übrig. William Rowland aber lässt sich davon nicht abschrecken und baut das Schloss anhand alter Zeichnungen wieder auf.

Im Jahr 1278 wird die Feste erstmals urkundlich erwähnt, auch wenn das Kastell sicherlich bereits zuvor errichtet worden ist, wie karolingische Flechtwerksteine sowie ein eingemeißeltes Kreuz in der Burgmauer belegen. Allein die Lage der Wehrburg – und die damit verbundene Kontrollfunktion des Hauptverkehrsweges sowie die Verteidigung der Schnalstalmündung – impliziert die Macht der Burgherren, denen auch alle Höfe auf Juval unterstellt sind.

Der Besitz von Grund und Boden ist in der Zeit der Naturalwirtschaft von größter Bedeutung; dementsprechend reich muss ihr Eigentum an Gütern und Leuten, ihr Einkommen an Abgaben – meist in Form von Naturalien – gewesen sein. Verständlicherweise führt dies auch zu Unmut und im Zuge des Engadiner Krieges (1499) fordern die aufständischen Bauern die freie Wahl der Pfarrer, Steuererleichterungen, die Abschaffung des Zehnten und freies Jagd- sowie Angelrecht. Auf Juval und Umgebung aber wird um 1500 ein anderer Kampf

ausgefochten: Es geht um Wasser, das kostbarste Gut in dieser ausgesprochen trockenen Gegend, deren Sonnenhänge zudem vom Vinschger Wind ausgedörrt werden. Um das Überleben der Tscharser Gemeinde zu sichern, soll ein Wasserkanal aus dem Schnalstal über den Sattel von Juval bis nach Tschars errichtet werden. Ausgerechnet das Kloster Allerengelberg und der Pfleger der Burg wollen das Vorhaben jedoch verhindern. Es droht zu scheitern. Mit der Hilfe Kaiser Maximilians aber gelingt es den Bauern sich durchzusetzen, und die Bauarbeiten für den Wasserwaal beginnen: ein schwieriges, gefährliches und kostspieliges Unterfangen, das sich jedoch lohnt. Denn auch wenn der 12 Kilometer lange, großteils oberirdisch verlaufende Waal immer wieder ausgebessert werden muss und für Schäden sorgt, macht er die intensive Bewirtschaftung des Sonnenbergs, zu dem Juval gehört, erst möglich. Das technische Meisterwerk stellt daher bis heute eine große Bereicherung dar und das regelmäßige Schellen der Waalglocke, das Waalerhäuschen auf Juval und der

Waaler selbst – jene Person, die das ungehinderte Fließen des Wassers garantiert, indem sie den Waal täglich abschreitend kontrolliert und notfalls flickt – sind nicht mehr wegzudenken.

Das Kastell verkommt in der Zwischenzeit zu einer derart verwahrlosten Anlage, dass die königliche Kommission lediglich den Wert der Burggüter sowie der Alm festsetzt – die Burg selbst wird aufgrund ihrer Baufälligkeit gar nicht erst in die Bewertung miteinbezogen. Dennoch findet sich drei Jahre lang kein Käufer. Erst Hans von Sinkmoser, als Kellner von Tirol dem Landesfürsten direkt unterstellt und deshalb ein bedeutender Mann, erwirbt die Feste 1540. Er verleiht ihr ihren heutigen Charakter, indem er sie im Renaissancestil zur repräsentativen Residenz umbauen und großzügig mit Freskomalereien von Bartlmä Dill Riemenschneider ausstatten lässt. Das Wohnschloss verfügt zudem über ausreichend Wohnfläche für die Angestellten, Küchen, Stallungen, Stadel und sogar eine eigene Backstube. Demnach lebt neben der Familie Sinkmoser eine beträchtliche Anzahl an Dienstboten auf der Burg, die diese – trotz der dazugehörigen Schlossgüter und Höfe im Umkreis – in Selbstversorgermanier bewirtschaften. Die Blütezeit des Geschlechts der Sinkmoser und damit ebenso jene des Schloss Juvals ist jedoch schnell vorbei.

Unter den nachfolgenden Besitzern, den Grafen Hendl, schreitet der Verfall der Anlage, die unbewohnt bleibt, in den kommenden zwei Jahrhunderten unaufhaltsam voran. Die Vermutung liegt nahe, dass die Grafen den Ansitz einzig und allein deshalb nicht abgeben, weil sie damit die 16 Höfe, die den Besitzern Juvals fronpflichtig sind, und die damit verbundenen, regelmäßigen Einnahmen verlieren würden. Wie viele andere Adelsfamilien auch können die Hendl ihren Reichtum und ihre Macht in den sich schnell ändernden sozialen Verhältnissen des 19. Jahrhunderts nicht halten. Bei der Versteigerung Schloss Juvals sowie dem dazugehörigen Besitz wird kein einziges Gebot abgegeben. Schließlich erwerben es 1815 Bauern aus unmittelbarer Nachbarschaft, vom Mitter- und Oberjuvalhof kommend. Lange bleibt ihnen der Besitz jedoch nicht erhalten und er gelangt in die Hände von Joseph Blaas, in dessen Familienbesitz er nahezu 90 Jahre verbleibt.

Der ehemals prachtvolle Wohnsitz ist nach zwei Jahrhunderten der Vernachlässigung ausgesprochen baufällig. Dennoch bezieht ihn Joseph Blaas mit seiner Familie und seinem Vieh. Die Burg dient als Stall, Stadel und Wohnung zugleich, und so tüchtig die Großfamilie auch ist, sie investiert nichts in die Erhaltung der Burg. Dächer verfaulen, Mauern zerbröckeln. Wie mühsam und beschwerlich besonders die Wintermonate gewesen sein müssen! Und dennoch haust die Bauernfamilie mitsamt ihrem Vieh in den alten Gemäuern. Als die

Zugangsbrücke immer brüchiger und morscher wird und sie sich nicht mehr trauen die Schafe, die im Schlosshof untergebracht sind, einzutreiben, ist es zwischen 1880 und 1890 schließlich soweit: Die Blaas beginnen, sich außerhalb der Schlossmauern einzurichten und bauen im Sattel hinter der Burg zwei Bauernhöfe. Das Baumaterial für den Oberen und den Unteren Schlossbauernhof verschaffen sie sich großteils durch das Kastell, indem sie Steine sowie noch verwendbares Holz und Eisen aus der Burg ausbrechen, die Anlage als »Steinbruch« benutzen. Und als hätten es die Blaas geahnt, bricht nur wenig später die südliche Außenmauer des Palas ab: Sie stürzt mit donnernder Wucht, eine Lawine von Mauertrümmern hinter sich herziehend, den Burghang hinunter.

Mit dem Verfall der Burg schwindet zusehends auch ihre einst erhaben und mächtig wirkende Ausstrahlung. Dennoch stößt William Robert Rowland, der in Wien geborene Sohn eines Engländers und einer Österreicherin, auf die Schlossruine und erwirbt sie 1914. Dieser Kauf ist verwunderlich, besitzt Rowland doch bereits in Oberbayern Schloss Kalling. Warum also halst er sich zusätzlich einen derart restaurierungsbedürftigen Besitz auf, der schwer erreichbar ist und dessen Instandsetzung mit Sicherheit kosten- und zeitintensiv sein wird? Noch dazu, wo er so weit entfernt davon lebt? Als Kolonialherr besitzt und betreibt Rowland Kaffee-, Kautschuk- sowie Tabakplantagen in Sumatra, das in jener Zeit zu Indonesien und damit zu Niederländisch-Indien gehörte, und in Malaysia, welches unter britischer Kolonialherrschaft stand. Vielleicht begeistert ihn die Lage des einst imposanten Kastells, vermutlich interessieren den Gutsherren aber in erster Linie die dazugehörigen Ländereien und Höfe. Schließlich braucht er eine Absicherung, sollten sich die Umstände in Indonesien oder Malaysia ändern. Außerdem liegt der Vinschgau nicht weit entfernt vom Heimatland seiner Frau, die aus der Schweiz stammt. Eine der zwei gemeinsamen Töchter lebt, an Kinderlähmung erkrankt, Zeit ihres Lebens in Zürich, während die jüngere Irmela nur während der Schulzeit in Obhut der Großmutter bleibt und ansonsten die Eltern auf deren Reisen begleitet.

Rowland startet sogleich erste Obstkulturversuche und lässt Calvill-Spalier-Anlagen errichten. Die Apfelbäume tragen schon nach zwei Jahren reichlich Früchte, doch gehen sie während des Krieges infolge von Arbeitermangel, fehlenden Spritzmitteln und zu wenig Wasser zugrunde. Genauso wie die Renovierungspläne für die Burg durch den Ausbruch des Ersten Weltkrieges zunichte gemacht werden, vorerst wenigstens.

Nach zehn Jahren kehrt die Familie Rowland nach Europa zurück und die unglückliche Irmela schreibt in dieser Zeit in ihr Tagebuch:

Oben ~ Noch bevor Rowland mit der Sanierung der Burg beginnt, kümmert er sich um die dazugehörigen Ländereien und wagt etwas völlig Neues: Apfelbäume werden in großen Mengen, Reihe für Reihe, gepflanzt.

Oben ~ Nur wenige Jahre später funktioniert der landwirtschaftliche Besitz Rowlands als Selbstversorgerbetrieb, der seine überschüssigen Qualitätsprodukte erfolgreich in alle Welt verkauft.

»Lange zum Aushalten ist Zürich nicht. Manchmal beneide ich sie schon ganz stark, die Leute, die seit Jahrhunderten wissen, wo ihre Familie hingehört, und wo sie immer daheim sind. Ich wollte schon, ich hätte auch so einen Platz«, und ahnt nicht, dass Juval schon bald solch ein Ort für sie sein wird. Den Sommer 1923 verbringen die Rowlands bereits auf Juval, wobei sie vorerst auf dem Oberortlhof bei ihrem Pächter wohnen, da im Schloss gebaut wird. Dabei scheut der Bauherr weder Kosten noch Mühen und beweist ein feines Gespür für den ursprünglichen Baubestand. Nur dank seiner Vorstellungskraft kann die Anlage in den einstigen Renaissancesitz zurückverwandelt werden, eine großartige Leistung! Vor allem wenn man bedenkt, dass nach Juval damals keine Straße hinaufführt, technische Hilfsmittel nur äußerst begrenzt einsetzbar sind. Und auch wenn eine Seilbahn von Staben bis knapp unter den Zugangsweg des Schlosses führt – was eine große Erleichterung darstellt, ist der Hügel bis dahin ja nur über einen steilen, einstündigen Saumpfad und einen eineinhalbstündigen Fußweg von Staben und Tschars aus zu erreichen, die weiter ins Schnalstal führen –, so muss alles von der Bergstation bis zur Burg hinaufbefördert werden.

Die umfassenden Wiederinstandsetzungsmaßnahmen retten aber nicht nur das Schloss vor dem endgültigen Verfall, sondern beleben

es und seine Umgebung aufs Neue, besonders im landwirtschaftlichen Bereich. Rowland lässt neben den Calvill-Spalier-Anlagen zudem Kanada- sowie Champagner-Renetten, Pfirsichbäume, Hardenponts-Birnen und Weinreben pflanzen. Dabei wird jeder Quadratmeter an den Hängen zwischen den Felsen genutzt, sodass die Bäume in schönen, geraden Reihen auf teils winzigen Parzellen und Stellagen untergebracht sind. Jeder einzelne der Tausenden von Bäumen wird mithilfe kleiner Wasserrinnen, die vom Waal aus gespeist werden, bewässert.

Nach nur wenigen Jahren bewirbt der Tropenpflanzer seine Äpfel bereits groß: »Unsere Calvillen, 400 m ob der Etsch gewachsen, dadurch womöglich aromatischer als die Meraner, sind reif! Sie halten sich bis März. [...] Bitte bestellen Sie ein Probe-Postkistchen v. 5 kg, enthaltend 9–16 Früchte«, und die qualitätvollsten werden in mit Holzwolle ausgelegten kleinen Holzkisten weltweit verschickt. Zu jener Zeit baut kein anderer Bergbauer Edelobst an, wenn überhaupt, dann höchstens Getreide. Betrachtet man den heutigen Vinschger Talboden, der mit seiner Monokultur – Apfelwiese reiht sich an Apfelwiese – von oben wie eine Patchwork-Decke aussieht, ist Rowland mit seinen frühen Apfelplantagen ein Vorreiter im Tal. Darauf und auch auf den Waal als geniale Bewässerungsmethode Bezug

»Wie sehr wir diesen Platz geliebt haben, schon von Kinderzeit an, und wie viele Tränen es gekostet hat, ihn zu verlieren.«

Irmela Rowland

nehmend, schreibt ein Journalist der Alpenzeitung in den 1930er-Jahren: »Unternehmungsgeist, der vor keiner Schwierigkeit zurückschreckt, scheint also von Anfang an zum Segen von Juval hier die Triebfeder gewesen zu sein.« Im selben Artikel meint er jedoch etwas später ernüchtert: »Die Keller und das Burgverließ, von dem ich einiges erhofft hatte, sind in Juval enttäuschend, denn hier sind durchwegs Obstmagazine, Waschküche, Brutraum und andere praktische, aber keineswegs romantische Einrichtungen zu treffen.«

Rowland ist ein Praktiker, der jeden vorhandenen Platz sinnvoll ausnutzt: Eine Sennerei, unterschiedlichste Lagerräume, wie beispielsweise ein Eiskeller, um Frischfleisch kühl zu lagern, sind im Schloss, das durch eine Seilbahn mit dem darunterliegenden Oberortlhof verbunden ist, untergebracht. In wenigen Minuten können so Eier, Milch, Gemüse, Obst und vieles mehr befördert werden. Rowland verarbeitet nämlich nicht nur sämtliche Produkte seiner eigenen Höfe – neben Oberortl besitzt er ab 1930 zudem den Unteren Schlossbauernhof –, sondern die seiner Nachbarn gleich mit. Er stellt damit seine wirtschaftliche Geschicklichkeit im landwirtschaftlichen Bereich unter Beweis, denn das Konzept scheint aufzugehen: In der sommerlichen Hochsaison werden die Meraner Hotels täglich mit Juvaler Produkten wie Obst, Gemüse, Eiern, Butter, Käse, Frischmilch, har-

tem Bauernbrot, »Paarlen« und »Lungn« genannt, sowie Bauernspeck aus der Oberortler Selchküche beliefert.

Auf Oberortl, zu dem Kugelstein und die Alm gehören, sind eine Schweine- sowie eine ansehnliche Geflügelzucht untergebracht. Eine junge deutsche Geflügelzüchterin kümmert sich um 500 Hühner und zeitweise bis zu 2.000 Küken sowie Schlachthähne. Dabei führt sie akribisch Buch: Legt eine Henne weniger als 180 Eier im Jahr, landet sie im Suppentopf. Rowland selbst importiert nicht nur Zuchthähne aus Bayern, er bestückt den Hof auch mit modernster, ausgeklügelter Technik. Elektronische Brutapparate und Futterautomaten, für die unter anderem die Abfallprodukte der Sennerei verwendet werden, kommen zum Einsatz. Hühnermist sowie Strohstreu werden wiederum als Düngemittel für die Obstplantagen weiterverwertet. Auf dem Unteren Schlossbauernhof werden Milchkühe und Schafe gehalten.

Die Familie Rowland beschäftigt konstant um die 20 Mitarbeiter. Unter anderem leben und arbeiten auf Juval die Sekretärin Trudi Fleischmann (Rowlands spätere zweite Frau), ein Senner, eine Köchin mit zwei Dienstmädchen, der Verwalter mit Frau, ein Waaler, ein Gärtner, ein Seilbahnexperte, ein Obstfachmann mit vier Hilfsburschen und

Links ~ Mit Feingefühl und einem untrüglichen Auge für Details lässt Rowland die Burganlage sanieren und im unteren Schlosshof einen alpinen Garten anlegen.

Rechts ~ Und eben jene – von William Rowland – gepflanzten Himalaja-Zedern zeigten Reinhold Messner auf den ersten Blick, dass Schloss Juval sein Zuhause werden würde.

eine Häuserin. Außer Zucker, Salz, Mehl und Gewürzen muss nichts zugekauft werden – dank des landwirtschaftlichen Großbetriebes funktioniert Rowlands Besitz autark, als Selbstversorgerbetrieb.

Dann aber macht der Zweite Weltkrieg dem erfolgreichen Wirtschaftsmodell einen Strich durch die Rechnung. William Rowland muss Italien unter nicht näher geklärten Umständen Hals über Kopf verlassen und Juval damit sich selbst überlassen. »Wie sehr wir diesen Platz geliebt haben, schon von Kinderzeit an – wie schön es doch war, als meine Mama noch lebte – und wie viele Tränen es gekostet hat, ihn zu verlieren«, schreibt seine Tochter Irmela in jener Zeit.

Ein weiteres Mal verfällt die Anlage und mit ihr die landwirtschaftlichen Anbauflächen. Bis mein Vater Reinhold Messner zufällig auf Juval stößt, die Halbruine 1983 kurzerhand erwirbt und damit, wie er selbst schreibt, im wahrsten Sinne des Wortes »steinreich« ist. Messner berücksichtigt bei der Renovierung alle vorhergehenden Bauphasen, drückt dem Ensemble seinen Stempel auf und erhält dennoch den Geist der Renaissance. Um den weiteren Verfall des ruinösen Nordtraktes aufzuhalten, lässt er ein Glasgiebeldach anbringen, eine moderne Glas-Stahl-Konstruktion, die über den alten Bruchsteinmauern zu schweben scheint. Eine gänzlich neue denkmalpflegerische Lösung, die Vorbildcharakter hat.

Heute wird Schloss Juval als Sommerwohnsitz unserer Familie und als Museum genutzt. Das *MMM Juval* ist das erste aller sechs *Messner Mountain Museums* und nach fast 20 Jahren musealer Dauereinrichtung ein beliebtes Ausflugsziel. Doch nicht nur das Schloss ist neu belebt worden, sondern mit ihm der ganze untere Hügel: Drei Gaststätten gibt es mittlerweile und einen Bauernladen, in dem Produkte von Vinschger Bauern auf direktem Weg verkauft werden. Mein Vater hat aus dem verfallenen Bauernhof Oberortl einen Weiler gemacht, der heute unter Ensembleschutz steht, den *Schlosswirt* sowie Ferien auf dem Bauernhof dort ins Leben gerufen und aus dem Unterortlhof eines der am höchsten gelegenen Weingüter Italiens gemacht. Ein kleiner Bergtierpark, Waal- sowie Wanderwege und ein botanischer Rundgang um den Schlossberg herum runden das öko-

logische Gesamtkonzept ab – an dem vermutlich auch der Vorbesitzer Rowland Gefallen gefunden hätte.

Sowohl Rowland als auch Messner waren im Vinschgau anfangs Exoten, wurden misstrauisch beäugt. Ihre visionären Modelle aber bewährten sich – das Erhalten und Beleben der kleinräumigen Südtiroler Kulturlandschaft konnte dadurch gelingen. Natürlich ist das alles Schritt für Schritt entstanden, hat sich unter Reinhold Messner im Laufe von 30 Jahren entwickelt und natürlich gehören auch Rückschläge bei solchen Vorhaben und Projekten dazu. So war die Idee eines Heubades auf Oberortl zwar einmalig, hat in der Praxis aber nicht funktioniert. Zudem hängt alles sehr stark von den Menschen ab, die diese Konzepte mittragen, sie umsetzen, real werden lassen und leben. Denn das ist die Kunst: Erst wenn das dahinter stehende, gedankliche Konstrukt in der Anwendung tatsächlich funktioniert, ist das Modell zukunfträchtig.

Juval ist der erfolgreiche Versuch, Natur, Kultur, Landwirtschaft und Gastronomie auf schonende und nachhaltige Weise miteinander zu verbinden, und auch meine Familie lebt auf diese Art autark: Obst, Gemüse, Kräuter und Gewürze wachsen zur Genüge in den Schlossgärten; Eier und Fleisch sowie Wein werden von den Pächtern bezogen; das Holz aus dem Wald geholt. In Krisenzeiten wäre man damit völlig eigenständig überlebensfähig.

Und so schließt sich der Kreis, denn bereits mit dem Übergang von der nomadischen Lebensweise der Jäger- und Sammlerkulturen hin zum sesshaften Bauernleben, das Ackerbau und Viehhaltung und damit eine jungsteinzeitliche Wirtschaftsweise begründete, war Juval besiedelt und wurde landwirtschaftlich genutzt. Über Jahrhunderte hinweg funktionierte Schloss Juval mitsamt seinen Ländereien und ihm unterstellten Höfen autark. Egal ob im feudalen Mittelalter, als Bauern schließlich selbst zu Schlossbesitzern wurden oder als Rowland mit seinen innovativen Geschäftsideen ein erfolgreiches landwirtschaftliches Gut daraus machte. Messner ging noch einen Schritt weiter und verzahnte die Landwirtschaft mit dem Tourismus, sodass Juval auch heute als selbsttragendes Wirtschaftsmodell funktioniert – ein jedes Wirtschaftsmodell hatte und hat seine Zeit.

Hausgärten und Vorratspolitik

Meine Mutter hat einen Bauern geheiratet. Ob sie das wusste, als sie sich vor 30 Jahren in meinen Vater verliebte und zu ihm nach Südtirol zog, bezweifle ich. Zwar schrieb er bereits damals in einem seiner Bücher: »Im Grunde meines Herzens bin ich Bergbauer«, doch hatte er die Bauernhöfe noch nicht gekauft, weder auf Juval noch in Sulden. Das Schloss aber gehörte ihm bereits und Sabine – ein Stadtkind, das in verschiedenen Städten Deutschlands und Österreichs, zuletzt in Wien, aufgewachsen war und in Innsbruck als Textildesignerin gearbeitet hatte – fühlte sich auf Juval von Anfang an wohl, obwohl ihr das ländliche Leben nicht vertraut war. Dass sie keine Ahnung hatte vom »Gartln« und Einkochen, kann ich mir gar nicht vorstellen, so selbstverständlich und bestimmt macht sie das heute, so souverän und unaufgeregt – mit einem großen Gespür und einem enormen Wissen, das sie sich im Laufe der Jahrzehnte angeeignet hat.

Zu Beginn schnappte sie hier und da etwas auf, lernte von den Kinder- und Hausmädchen, die ihr auch im Garten zur Hand gingen, immer wieder Neues und wurde von ihrer unmittelbaren Nachbarin auf Juval, der Altbäuerin Moidl, auf vieles hingewiesen. Moidl, die in jungen Jahren den Unteren Schlossbauern geheiratet hat, verbrachte ihr ganzes Leben auf dem Juvaler Hügel und kümmert sich noch immer, mit

bald 90, selbst um ihren Garten. Sie verfügt über einen unheimlichen Erfahrungs- und Wissensschatz, weiß ganz genau über die Wirkung und Heilkraft von Pflanzen Bescheid. Um den Knochenaufbau zu fördern, verabreichte man den Kindern früher beispielsweise jeden Tag ein Löffelchen zermahlener Eierschalen. Damals war das Wissen um einfache Hausmittel notwendig, während es heute zunehmend in Vergessenheit gerät.

Meine Mutter legte nach und nach dort Gärten an, wo früher, zu Zeiten Rowlands, bereits welche existierten – auch wenn die völlig verwilderten, mit Gestrüpp und Steinen gefüllten, felsigen Flächen nicht sofort als solche erkennbar waren. So entstanden Acker- und Anbauflächen, die groß genug sind, um mehrere Familien zu ernäh-

ren: Die Hausmeisterfamilie nutzt daher Teile des unteren Gartens, Kartoffeln und Zwiebeln teilen wir mit ihnen. Zudem geben wir einiges der Ernte weiter, denn im Sommer ist oft vieles gleichzeitig reif und das in solchen Mengen, dass wir nicht alles verwerten können.

So wird getauscht – während wir froh sind, dass die Nachbarn für unsere überschüssigen Johannisbeeren Verwendung finden, freuen wir uns, wenn wir etwas später ihre übrigen Erdbeeren pflücken dürfen. Auch bewährte Rezepte und Tipps zum Einkochen und Einlegen oder Ansetzen werden, wenn man Glück hat, von einer Generation zur nächsten weitergegeben. Auch meine Mutter wird immer wieder um Rat gefragt. In den beiden Nutzgärten, direkt an der Außenwand der Schlossmauer, gedeihen völlig andere Gemüse-, Obst und Kräu-

Links ~ Einen typischen Bauerngarten gibt es nicht – ein jeder ist so individuell wie jene, die ihn bewirtschaften. Ihren Bedürfnissen wird er angepasst, eine Mischung aus Nutz- und Ziergarten festgelegt. Die Form aber ist meist dieselbe: Rechteckig oder quadratisch sind solche Gärten oft auch in extremen Lagen zu sehen.

Seite 40 und 41 ~ Allen Bauerngärten gemein sind der Anbau von Gemüse, Obst und Blumen, die praktische Einteilung von Wegen sowie geometrisch gestaltete Beete und das Anbringen eines Holzzaunes rundherum – um Tiere und Menschen fernzuhalten. Meine Mutter kümmert sich um ihre Gärten unermüdlich: Jahr für Jahr macht sie sich Gedanken, experimentiert mit Neuem.

tersorten als in jenen am Fuße des Burgfelsens. Je nach Himmelsrichtung sind die Anbauflächen sonnen- oder schattseitig, trocken oder feucht, der Witterung ausgesetzt oder recht geschützt. Diese großen Unterschiede sind optimal, um verschiedenste Pflanzen mit unterschiedlichen Neigungen anzubauen – vorausgesetzt man beherrscht die Kunst des Erkennens, wo was und in welcher Kombination am besten wächst. Meist sorgt hierbei erst das Ausprobieren für Aufschluss.

Das große Sortiment unserer Juvaler Gärten umfasst eine Vielzahl an Kräutern wie Basilikum, Schnittlauch, Liebstöckel, Lavendel, Thymian, Oregano, Rosmarin, Petersilie, Dill, Kerbel, Estragon, Stevia, verschiedene Minze- und Melissensorten, Zitronenverbene, Kresse,

Blutsauerampfer und Koriander. Das Gemüse schließt Salate, Rauke, Karotten, Bohnen, Erbsen, Zucchini, Auberginen, Kartoffeln, Zwiebeln, Mais, Kürbisse, Tomaten, Paprika, Sellerie, Mangold, Spinat sowie Rhabarber mit ein; und an Obst ernten wir Äpfel, Birnen, Marillen, Pflaumen, Feigen, Kaki, Trauben, Erdbeeren, Himbeeren, Johannisbeeren, Kirschen und in manchem Jahr sogar Melonen. Wal- und Haselnüsse haben wir ebenfalls und über den Hügel Juvals verstreut befinden sich jede Menge Kastanienbäume sowie Holundersträucher.

Meine Mutter ist eine Ästhetin, weshalb Blumen in den Nutzgärten für Auflockerung sorgen und im Schloss dank ihrer Pflege ein Bambus- sowie Rosengarten gedeihen. Sie probiert immer wieder

Links und rechts ~ War das Füllen des Vorratskellers früher überlebenswichtig – schließlich konnte man nur so die unfruchtbaren und kalten Wintermonate überstehen –, ist es auch heute ein befriedigendes Gefühl, wenn Wein- sowie Speckkeller gefüllt, genügend Marmeladen eingekocht und ausreichend Kartoffeln vorhanden sind, um mit den garteneigenen Köstlichkeiten bis zum nächsten Sommer auszukommen.

gerne Neues aus, und als sie vor einigen Jahren einen Bambusableger geschenkt bekommen hat, pflanzte sie ihn sogleich im Garten ein. Nicht ahnend, dass Bambusse Ausläufer treiben und sich dadurch in unerwünschtem Ausmaß ausbreiten können – von einer diesem Dilemma entgegenwirkenden Rhizomsperre wusste sie nichts. Unser Bambusgarten wächst deshalb von Jahr zu Jahr, während meine Mutter immerzu auf der Jagd nach neuen Trieben ist, um sie zu beseitigen – ein wohl niemals endender Kampf.

Mit dem Anpflanzen alleine ist es natürlich nicht getan, bereits vorher beginnt die Arbeit und hört so schnell nicht auf: Der Boden muss gelockert und mit Mist gedüngt, die Bäume müssen beschnitten, alle Pflanzen regelmäßig bewässert und von Unkraut befreit werden. Und auch dann hat es noch kein Ende, denn mit dem Ernten beginnt der Vorgang der Verwertung. Vieles wird frisch zubereitet und gegessen, anderes aber ganz gezielt haltbar gemacht, um auch im Winter noch etwas davon zu haben: Kartoffeln und Zwiebeln zum Beispiel werden einige Stunden lang in der Sonne getrocknet und

anschließend im Keller gelagert, sodass wir bis zum Frühsommer unsere eigenen haben. Das Obst wird teils eingefroren, um jederzeit einen Obstkuchen oder süße Knödel machen zu können, und zu Kompott, hauptsächlich aber zu Marmeladen sowie Säften verarbeitet. Zudem macht meine Mutter aus den etwas schrumpeligen Äpfeln und Pflaumen Dörrobst, das zum Naschen zwischendurch köstlich schmeckt. Auch kocht sie Tomaten- und Gemüsesugo, legt Essiggurken und Kürbisse süß-sauer ein und setzt Weinessig an. Aus den Holunderblüten wird Sirup zubereitet, die Kräuter hingegen werden als Gewürze eingefroren oder für Tee getrocknet.

Meine Mutter ist nicht nur ein überlegter Mensch, dem jegliche Art von Ressourcenverschwendung zuwider ist, sondern legt auch großen Wert auf Nachhaltigkeit und Qualität. Eine gesunde, bewusste Ernährung ist ihr wichtig. Beides ist durch die Verwendung der eigenen Biolebensmittel gewährleistet, deren Geschmack derart intensiv ist, dass uns allen im Supermarkt Gekauftes nicht annähernd so gut schmeckt. Sabine hat sehr früh damit begonnen den Boden, der ihr

zur Verfügung stand, zu bearbeiten und zu nutzen. Instinktiv, lange bevor »Zurück zum Ursprung« Mode wurde. Und sich damit unbewusst und ganz selbstverständlich in die Selbstversorgertradition – alle Ressourcen zu nutzen, so viel wie möglich selbst anzubauen und damit die Familie zu versorgen – eingereiht. Mit diesem Konzept, das sich im Laufe der Zeit gefestigt hat, sind wir Kinder aufgewachsen. Es hat uns geprägt, wir leben ökologisch bewusst. Sogar während meiner Studienzeit wollte ich auf die selbstgemachten Marmeladen zum Frühstück nicht verzichten und nahm immer genügend Gläser mit nach Wien; auch wenn ich mich beim Schleppen des Gepäcks am Bahnhof kurzzeitig darüber ärgerte.

Wir Kinder haben beim Pflücken der Ernte geholfen und hin und wieder natürlich etwas aus dem Garten stibitzt. Für die Pflege der Gärten aber – ganz besonders das Unkrautjäten – konnte ich mich nie begeistern. Mein Bruder hat die landwirtschaftliche Oberschule besucht und ist meiner Mutter daher in mancher Hinsicht eine Hilfe. Die Verantwortung trägt aber sie. Das »Gartln« ist ihr Ausgleich, An-

strengung und Entspannung zugleich. Hierbei hat sie ihre Ruhe. Und auch wenn damit eine Menge Arbeit verbunden ist, so ist es auch eine Befriedigung: spätestens dann, wenn Vorratskammern und Keller mit Köstlichkeiten gefüllt sind, wenn in Reih und Glied, nach Jahren und Größen geordnet, ein Marmeladenglas neben dem anderen steht. Da erkennt man, dass meine Mutter eine akribisch gewissenhafte, ordnungsliebende Frau ist. Eine Sammlerin, eine aufmerksam fürsorgliche Kümmererin, ein Organisationstalent. Wenn sie etwas macht, dann richtig.

In Gartenfragen vertraut sie dem Mondkalender und inzwischen auch sich selbst und ihrem grünen Daumen. Dass mein Vater oft lange Zeit am Stück weg war, hat sie stark gemacht. Und selbstständig überlebensfähig. Sie hat nicht aufgegeben, ließ sich weder vom kargen Boden noch von erntearmen Perioden abschrecken. Und ich glaube, dass meine Mutter mittlerweile in mancher Hinsicht sogar praktischer ist als mein Vater: Mit dem Bauern in ihr kann sie es locker aufnehmen.

REINHOLD MESSNER

In der Idylle riecht's nach Gülle

Nichts auf dem Land entspricht der Idylle, die sich Städter vorstellen. Sie bleibt Wunschdenken, Projektionsfläche einer stadtmüden Gesellschaft. Die Realität ist eine andere: Abwanderung, Niedergang der lokalen Infrastruktur, leere Bauernhöfe, verwaiste Marktplätze. Die Milchwirtschaft in unseren Tälern ist in Summe industrielle Landwirtschaft – mit Futtermittelherstellern auf der einen und Genossenschaftsmolkereien auf der anderen Seite. Die Milch ist anonym. Weil sie südtirolweit aus Turbokühen mit Kraftfutterzugabe gewonnen, zusammengekarrt und zentral veredelt wird – zu Joghurt, Butter, Käse. Die Südtiroler Milch ist dennoch wertvoller als Milch aus der Po-Ebene oder aus Bayern, die Vorstellung aber, dass die Kühe von Hand gemolken werden, die Butter in der Stube geschlagen oder der Käse im Keller gereift ist, Fehlanzeige.

Es sind die Städter, die unsere Berglandwirtschaft idealisieren. Als würden die allermeisten Lebensmittel auf den Höfen produziert, veredelt, von Hand abgepackt und in der Kraxe auf den Markt getragen werden – von der Sennerin im Dirndl oder dem Jungbauern in Lederhose und Lodenjoppe. Auf einigen Bio-Höfen ist das so, der größte Teil unserer Lebensmittelproduktion aber ist vollautomatisiert, sie wäre sonst nicht konkurrenzfähig.

Wie kommt es, frage ich mich, dass Menschen aus der Stadt mit großer Begeisterung aufs Land ziehen oder davon schwärmen, als Selbstversorger leben zu wollen? Als wäre der Bio-Bauernhof – Scheunen, Ställe, Schuppen um einen steingepflasterten Zufahrtsweg – ein Tierpark und mit den Bauernhäusern daneben, vielfach renoviert und ebenso lang verwittert, das Paradies. Ferien auf dem Bauernhof boomen zurecht. Kommt der wortkarge Bauer mit seiner blauen Schürze doch authentisch daher, die Bäuerin in ihrem Garten bei Minze, Salat und allerlei Kräutern wie eine Medizinfrau aus vorindustrieller Zeit.

Es ist aber nicht das Anarchische, das man unseren Bauern übrigens längst ausgetrieben hat, sondern wieder das Idyllische, das landverliebte Städter in den Ferien suchen. Was sonst lockt sie in die Peripherie? Das Naturglück, das sie am Wochenende in den Dörfern rund um ihre Metropolen suchen; der Konsum mit gutem Gewissen beim Bio-Bauern; einkaufen und sich gut dabei fühlen; noch besser: für das Rentenalter einen alten Bauernhof aufmöbeln. Zum Genießen dieser heilen, ländlichen Welt reicht es nur selten: weil der Aufzug fehlt, der nächste Supermarkt zu weit weg ist, das Brennholzschleppen im Winter anstrengend und das Kulturangebot auf dem Land bescheiden ist.

Trotzdem, da draußen lockt eine Lebensqualität, der sich nur wenige entziehen können: die Kirche im Dorf, Wälder und Bauernhöfe ringsum, Stille, Ruhe und viel Grün im Gegensatz zur Stadt. Dagegen tauscht man weltweite Vernetzung, Verfügbarkeit aller Güter, Informationen, Freunde, Dienstleistungen und sogar Konzert und Theater gerne ein. Das Landleben scheint wieder attraktiver zu sein als das urbane Dasein. 70 Prozent der Europäer dürften in Städten wohnen, 30 Prozent auf dem Land, Tendenz zurück auf die Kartoffeläcker. Auch weil das Wohnen in den Metropolen teuer, hektisch und laut geworden ist. Dazu kommen der Feinstaub, Gestank und die Anonymität. Verständlich also, dass Dorf und Hof Hochkonjunktur haben. Landliebe ist zum Megatrend geworden.

Dabei ist nicht alles Idylle, was grün ist: Tiere werden geschlachtet, Böden gedüngt, Bäume mit Pestiziden behandelt. Windräder, Biogasanlagen, allerorten illegale Mistablagen. Stören sie die Landverklärten nicht? Kein Wunder, dass die Welle der Sympathie für das Landleben auch ihre Kritiker hat. Auf dem Land ist alles Himmel oder Hölle, großartig oder gruselig – Schwarzweißmalerei! Dieses Entweder-Oder als Folge von Fehlinformationen gilt es zu durchschauen. Geht es doch nicht um Kitsch-Idylle oder Katastrophenszenario, sondern um die Verantwortung für ein Stück Land. Es wird geschwärmt von Bauernhöfen mit Bio-Anbau, freilaufenden Tieren, die meckern,

wiehern und grunzen; man lebe mit den Jahreszeiten, stehe mit den Tieren auf und gehe mit Sonnenuntergang ins Bett; Mist als Bio-Dung gehöre dazu. Daneben muss die Tatsache stehen, dass sich unsere Bergbauern schier zu Tode schinden, eine minimale Rentenversicherung haben und von Bio-Einkäufern und landverliebten Großstädtern nicht bedauert werden wollen. Kann sein, dass großstadtnahe Höfe von den Ballungsräumen profitieren, ganze Dörfer zum Rückzugsgebiet für Großstädter werden, gleichzeitig verarmen andere Bauerndörfer: Die Alten sterben weg, viele Junge ziehen fort, immer mehr Altbauern hinterlassen ein verwaistes Erbe.

Um dieses Erbe, die Selbstversorger-Landwirtschaft, geht es mir. Nicht um die Milch »glücklicher Kühe« oder das gerechte Verteilen von Gewinn und Verlust. Es ist das ehrliche Beschreiben der Zustände auf unseren Bauernhöfen, das der Schwarzmalerei ein Ende setzen kann. Ich habe mit meinen Höfen bis heute keinen einzigen Euro verdient. Das muss auch nicht sein. Ich habe sie erworben, saniert und betreibe sie mit Pächtern weiter. Sie müssen die Pächterfamilien ernähren, mehr nicht. Mich und meine Familie nur im Notfall einer globalen Krise. Ich weiß, dass ich in die Höfe weiter anderweitig verdientes Geld stecken muss, um sie zu erhalten. Ich freue mich aber über jede Flasche Wein, über den Speck, die Aprikosen, die Yakblutwurst, die von unseren Höfen kommen und von der Kunst des Überlebens im Gebirge zeugen.

Rechts ~ Ein Arbeitstag hoch oben am Berg dauert im Sommer oft 16 Stunden. Und auch im Winter ist man durch die Viehhaltung immer gebunden, 365 Tage im Jahr. Das Leben als Bergbauer ist ungemein hart und alles andere als frei. Diese Extreme prägen, sie zeichnen die Menschen.

Seite 46 und 47 ~ Die Vernachlässigung ist Teil der bäuerlichen Kultur und Mentalität. Vielerorts fehlt neben Zeit und Geld auch die Einsicht, dass das Erneuern und Aufräumen wichtig wären, um dem Verfall entgegenzutreten. Weit verbreitet ist zudem die Ansicht, nur ja nichts wegzugeben – man könnte es ja irgendwann vielleicht doch wieder einmal brauchen.

Der Oberortlhof auf Juval

Als Reinhold Messner Oberortl 1986 erwarb, handelte es sich um einen völlig heruntergekommenen, verwahrlosten Hof auf dem Juvaler Hügel. Nach jahrelangem Basteln, Flicken und Ergänzen ist er zu einem Weiler angewachsen, der unter Ensembleschutz steht und heute – auch Dank der Pächterfamilie Schölzhorn, die den Bergbauernhof mitsamt *Schlosswirt* im Jahr 2005 übernommen hat – ein florierender Betrieb ist, bei dem die drei Standbeine Gastronomie/Landwirtschaft/Tourismus (auch in Form von Ferienwohnungen) erfolgreich ineinandergreifen. Monika Schölzhorn, die durch entfernte Verwandte sogar Juvaler Wurzeln hat, ist dabei die Macherin und ihr Mann Michl der ruhende Pol. Mit zwei ihrer drei Kinder, Gisela und Roland, führen sie den Betrieb gemeinsam.

Im Zuge des Interviews kamen Monika und Michl so in Fahrt, dass sie mir Fotoalben zeigten und ihre Lebensgeschichten erzählten: Monika ist in einem Vinschger Dorfgasthaus groß geworden und stand als eines von fünf Kindern bereits im Alter von acht Jahren mit ihrer Mutter am Herd. Das Kochen ist bis heute ihre große Leidenschaft. Direkt nach der Hotelfachschule, mit nur 18 Jahren, war sie die rechte Hand in der Brigade Meraners, einer Koryphäe der damaligen Zeit. Den Kindern zuliebe gab sie ihren Beruf auf, arbeitete 15 Jahre lang als Schulhausmeisterin und kochte nur nebenbei.

Michl hingegen ist auf einem kleinen »Höfl« mit drei, vier Stück Vieh aufgewachsen, auf 1.500 Meter Höhe, ganz hinten im Wipptal. Zur Schule waren es eineinhalb Stunden zu Fuß, pro Strecke. Da sich die acht Kinder zudem drei Paar Schuhe teilen mussten, gingen sie im Winter nur abwechselnd, turnusweise, zum Unterricht – sofern es die Lawinengefahr zuließ. Michl absolvierte eine Tischlerlehre, war als Bergrettungschef tätig und ließ sich zum Reitlehrer und Kutschenfahrer ausbilden. In erster Linie aber baute er mit seinem Vater das Skigebiet Ratschings auf, bis er sich an der Wirbelsäule verletzte und an den Bandscheiben operiert werden musste, womit seine Laufbahn als Ziehharmonikalehrer begann. Fortan unterrichtete er im Winter, im Sommer war die Familie auf der Alm: Das wünschten sich die Kinder. Zig verschiedene Almen bewirtschafteten sie zusammen, wobei Monika im schweizerischen Klosters als Sennerin sogar eine Auszeichnung für ihren Käse erhielt. 1.200 Liter Milch verarbeiteten sie und die Kinder damals pro Tag, während Michl eine »Kasputzmaschin« baute, damit sich die zehn Tonnen Käselaibe schneller reini-

gen ließen. Stolz berichten sie, dass einer dieser Laibe für Prinz Charles bestimmt gewesen sei. Die Kinder bedienten und musizierten und kauften sich mit dem Trinkgeld – eine Million Lire in einem Sommer – ein Pony.

Auch wenn die Zeit auf den Almen arbeitsintensiv und entbehrungsreich war, spürt man ihre Begeisterung, die Freude, die sie dabei hatten. Und genau das zeichnet die Familie Schölzhorn aus: diese Flexibilität und Offenheit, die Chancen zu ergreifen, die sich gerade bieten, dabei ihre Fähigkeiten voll einzubringen, sich weiterzubilden und, natürlich, als Familie zusammenzuhalten.

Oben ~ Monika und Michl Schölzhorn haben den Oberortlhof mitsamt *Schlosswirt* und Ferienwohnungen 2005 übernommen. Seither sind sie auf Juval zu Hause.

Vor dem Interview saß ich mit der ganzen Familie am Mittagstisch, wo eine herzliche, fröhliche Atmosphäre herrschte: die eine Tochter wollte in wenigen Tagen heiraten, die andere hatte in der Woche zuvor eine Tochter zur Welt gebracht. Im Interview mit den frischgebackenen Großeltern – das Gespräch war ursprünglich nur mit Monika geplant gewesen, Michl aber stieß spontan dazu, wodurch ein spannender Austausch aus zwei Perspektiven entstand – geht es um die Familie, die Mühen, die das Bewirtschaften eines Bergbauernhofs mit sich bringt, und Oberortl als Zuhause.

Magdalena Messner: Ich dachte mir, wir fangen damit an, was euch und diesen Betrieb ausmacht, da ja nahezu die ganze Familie mitarbeitet – wie funktioniert dieses Ur-Modell heute? Indem ihr alle stark getrennte Aufgabenbereiche habt?

Monika Schölzhorn: Also, am Anfang nicht, nein. Ich muss ganz ehrlich sagen: Ich habe diesen Betrieb hier ziemlich blauäugig übernommen. Ich war damals überglücklich, dass meine Tochter Gisela gesagt hat: »Mama, ich komme mit!« Sie hat bereits für mich mitgedacht, weil sie wusste, das würde ich alleine niemals schaffen. Und der Michl hat immer gesagt: »Monika, das Gasthaus wird für dich nie ein Problem sein, aber der Hof!« Er hat die landwirtschaftliche Komponente gesehen, die ich gar nicht wahrgenommen habe. Ich dachte, das geht alles nebenher. (*Michl kommt in den Raum*)

Michl Schölzhorn: Hast du erzählt, wie wir überhaupt hier hergekommen sind?

Monika: Nein, noch nicht.

Michl: Dass das mein großer Wille gewesen ist? (*lacht*)

Oben – Gisela, Monika, Michl und Roland Schölzhorn führen den Oberortlhof zusammen, als Familienbetrieb, in dem alle ihren jeweiligen Aufgabenbereich haben.

Erzählt mal, wie sich das zugetragen hat.

Monika: Das war nicht Michls Wunsch, im Gegenteil, er hat sich anfangs sogar geweigert, Oberortl zu übernehmen. Aber jetzt fangen wir ganz von vorne an … (*an ihren Mann gewandt:*) Michl, bleib jetzt aber da! Es war so: Ich war schon länger nicht mehr damit zufrieden, kochen zu müssen, was mir vorgegeben wurde. Meine Mama war eine richtig gute Köchin und hat mir alles von Grund auf beigebracht: eine bodenständige Küche, wie sie sich gehört, und auch, wie die Fleischverarbeitung funktioniert. Das habe ich alles von ihr gelernt, nicht in einer Kochschule. Daher habe ich immer die Vorstellung gehabt, dass ich das einmal selbstständig tun möchte. Auf den Almen habe ich das umsetzen können, aber das waren immer nur drei Monate,

dann bin ich notgedrungen wieder in den alten Trott und den Küchenalltag hineingerutscht. Als ich in Sulden auf der Kanzel gekocht habe, habe ich gehört, dass für den *Schlosswirt* ein Koch gesucht wird. Und ich dachte mir: »Das wäre es eigentlich, das ist mein Job!« So einen Buschenschank hatte ich immer im Kopf, auch wenn ich ihn mir nie so groß vorgestellt habe, ich habe immer in kleineren Dimensionen gedacht.

Hättest du gedacht, dass sich dieser Wunsch je erfüllen würde?

Monika: Jedenfalls war das schon immer mein Traum! Der Michl war damals bereits in Pension.

Michl: Genau, 2004 bin ich in Pension gegangen und 2005 hast du (*an seine Frau gerichtet*) dann hier im *Schlosswirt* als Köchin

Links ~ Von der Schlossbrücke aus hat man den ganzen Oberortlhof mitsamt seinen traditionellen Holzschindeldächern im Blick.

Seite 57~ Der *Schlosswirt* ist für seine Hofprodukte und hervorragende Südtiroler Hausmannskost bekannt. Die Ferienwohnungen für Urlaub auf dem Bauernhof sind meist schon lange im Voraus ausgebucht.

gearbeitet. Bereits im Sommer hast du gesagt, dass der Reinhold es gerne hätte, wenn wir Oberortl als Pächter übernähmen.

Monika: Ich habe nach Ostern im *Schlosswirt* angefangen und im Juni hat der Reinhold zu mir gesagt: »Monika, du wirst hier die nächste Wirtin!« Zack, nur dieser eine Satz. Und ich dachte mir, das wäre wirklich DIE Gelegenheit!

Michl: Ich habe gewusst, dass die Monika nur auf diese Chance gewartet hat.

Monika: Ich hätte sogar das elterliche Gasthaus bekommen. Aber das hat der Michl nicht gewollt. Seine Meinung ist mir wichtig – er ist mein Ruhepol. Deshalb war es mir auch so wichtig, dass er zu Oberortl Ja sagt, dass wir uns gemeinsam dafür entscheiden!

Michl: Ich habe gesagt: »Die Gastwirtschaft kannst du übernehmen, aber den Hof nicht.« Denn ich habe schon geahnt, was mir blüht: Ich komme von einem Hof und weiß, was das heißt. Keiner außer mir in der Familie hatte sonst eine Ahnung. Es ist eine Weile hin und her gegangen, ich und auch die Kinder haben überlegt.

Und wie konntest du schlussendlich überzeugt werden?

Michl: Eigentlich war ich in dem Moment einverstanden, als die Kinder gesagt haben, sie würden uns helfen.

Monika: Und weil du zu mir gesagt hast: »Wenn du wieder arbeiten gehst, dann bist du nie zu Hause und so könnten die Kinder immer wieder kommen.« Das war auch ein Grund!

Michl: Stimmt, wobei ich eigentlich bis zum Schluss insgeheim gehofft habe, dass die Gisela ihr Studium nicht abbricht und das Ganze dadurch doch nicht zustande kommt. *(lacht)* Aber die Gisi hat sich wirklich für Juval entschieden. Und der Roland etwas später dann auch.

Habt ihr strikt getrennte Aufgabenbereiche?

Monika: Wir haben das letztes Jahr alles verändert, neu strukturiert: Die Gisela ist jetzt Geschäftsführerin und unsere Oberchefin – so langsam gewöhne ich mich daran. *(lacht)*

Michl: Denn ganz zu Beginn waren eigentlich die Gisi und ich für den Hof zuständig und sie zudem noch für die Gastwirtschaft.

Monika: Das war Wahnsinn, rückblickend betrachtet, was wir ihr zugemutet haben. Letztes Jahr haben wir dann dieses neue Konzept beschlossen: Der Michl ist jetzt offiziell der Altbauer – wenn er will, dann kann er, aber wenn er nicht will, dann braucht er nicht. Doch es braucht ihn immer. *(lacht)* Der Roland und der Michl kümmern sich um den Hof, die Gisela macht das Büro sowie den Service, zusammen mit unseren Mitarbeitern, und meine Aufgabenbereiche sind Küche und Garten. Bei der Gisela laufen die ganzen Fäden aber zusammen, die geschäftliche Verantwortung trägt sie. Wir entscheiden zwar alle mit, doch das stärkste Gewicht hat die Gisela.

Michl: Ja, sie ist immer ein Stückchen voraus. Auch dadurch, dass sie den Überblick bewahren und kalkulieren muss. Buschenschank, Hof, Ferienwohnungen – eigentlich sind es ja drei Betriebe, die alle ineinandergreifen. Das koordiniert sie nun alles und so funktioniert es, nur so kann es langfristig funktionieren.

Das ist sicherlich wichtig, denn familiär ist der Betrieb sowieso, man ist eng verbunden, aber man muss das Berufliche auch vom Privaten trennen, damit keine der Seiten zu kurz kommt.

Michl: Genau, denn nur so hat man wieder mehr von der Familie und mehr von der Arbeit. Vorher ist das alles drunter und drüber gegangen.

Monika: Es war auch so, dass wir nur noch über den *Schlosswirt* gesprochen haben, wenn wir als Familie zum Essen ausgingen. Es drehte sich alles um den *Schlosswirt*, immer wieder nur darum. Es hat gar niemand mehr gefragt, wie es einem selbst, privat geht. Weil alles eins war.

Oberortl hat euch also regelrecht verschlungen?

Monika: Ganz genau. Ich bin so froh, dass wir da die Kurve gekratzt haben und nochmal neu angefangen haben, auch wenn

wir noch hart an uns arbeiten müssen. Aber wir werden das in kleinen Schritten schaffen.

Identifiziert ihr euch mit Oberortl, fühlt ihr euch dem Hof verbunden?

Monika: Auf jeden Fall, wir hängen alle sehr daran.

Michl: Wir haben viel Arbeit reingesteckt, viel Zeit. Und dann denkst du dir: »So, jetzt haben wir schon das geleistet, jetzt schauen wir, dass das auch so weitergeht!«

Monika: Für mich ist der *Schlosswirt* immer etwas Geliehenes, aber gleichzeitig ist das Ganze auch etwas von uns. Ich weiß nicht, wie ich das erklären soll … Oberortl ist für mich Daheim, aber doch nicht mein. Ich habe aber kein Problem damit, denn viele sagen: »Warum machst du denn das, das gehört dir ja nicht einmal?!« Der Roland sagt immer: »Es ist gut, dass das so ist.« Denn wir tun ja so, als ob es uns gehören würde, wir schauen darauf, als wäre es Unseres, auch wenn wir genau wissen, dass es nicht Unseres ist. Das soll auch so sein. Ich würde es auf jeden Fall verteidigen, wenn irgendetwas wäre. Das würden wir alle. Ich finde es sehr schön, dass wir hier miteinander arbeiten können. Auch wenn es manchmal nicht einfach ist. *(lacht)*

Entstehen nicht manchmal Konflikte zwischen den verschiedenen, so unterschiedlichen Bereichen – also der Gastronomie, den Ferien auf dem Bauernhof und dem Hof?

Monika: Ja, zweifellos. Denn so, wie wir das machen, ist es viel mehr Aufwand. Es wäre natürlich einfacher, das Fleisch irgendwo zu kaufen, es picobello geliefert zu bekommen und ich bräuchte es lediglich ins Backrohr zu schieben. Aber genau das wollen wir nicht, auch wenn ich so immer unter Druck bin, weil ich alles selbst entscheiden muss, damit angefangen, wann die Schweine bereit zum Schlachten sind …

Michl: Und so hast du auch alles von einem Schwein. Du musst genau wissen, was du damit machst, was du davon brauchst, wie du es verwertest.

Monika: Richtig, denn ich kann nicht 30 Ferkel schlachten und dann nur das Filet und die Koteletts nehmen, ich muss auch die restlichen Teile mitverarbeiten. Und das beansprucht sehr viel Organisation und Wissen. Wir müssen genau planen, damit die Schweine rechtzeitig tragen bzw. Junge werfen und diese damit im nächsten Jahr zum richtigen Zeitpunkt geschlachtet werden können, um wieder genügend Speck zu haben. Ich muss genau wissen, was ich für die Hauswürste oder für die Geselchten brauche, muss dafür sorgen, dass die Gefriertruhen bereit sind, wenn im Frühling die Lämmer geschlachtet werden. Der Hof ist mit dem Erzeugen der Produkte immer schon ein Jahr vor-

Links ~ Die Vinschger Marille, eine eigenständige Aprikosensorte, ist als Rohstoff für Veredelungsprodukte sehr gefragt – gerade für Marmeladen, Säfte und Schnäpse eignet sie sich hervorragend. Auf Oberortl stehen mehr als ein Dutzend solcher Bäume, die Früchte werden weiterverarbeitet und im *Schlosswirt* angeboten.

Rechts ~ Der Südtiroler Bauernspeck ist wohl die bekannteste regionale Spezialität. Monika Schölzhorn hat ihr Rezept über die Jahre hinweg derart verfeinert, dass man ihr »Juvaler Speckbrettl« unbedingt probieren sollte.

aus und ich muss versuchen abzuwägen, wie viel im kommenden Jahr gebraucht wird.

Michl: Das zu kalkulieren ist sehr schwierig.

Monika: Und es kann dir passieren, dass du dir die ganze Arbeit antust, einen guten Speck machst und dir im September dann denkst: Was mache ich jetzt mit all dem Speck? Weil in diesem Jahr anderes bestellt und weniger Speck gegessen worden ist. Dann improvisierst du, portionierst ihn und verkaufst ihn ab Hof. Mittlerweile habe ich das ganz gut im Griff, aber am Anfang wusste ich gar nicht mehr wohin mit dem ganzen Fleisch.

Du verarbeitest das ganze Fleisch selbst, Monika?

Monika: Richtig. Doch schlachten dürfen wir auf dem Hof nur für den Hausverbrauch und nur, wenn der Betrieb geschlossen ist. Wenn wir während der Betriebszeiten hausschlachten würden, würde der Amtstierarzt den *Schlosswirt* zusperren lassen.

Michl: Um die Genehmigung zu bekommen, muss man einige unmögliche Auflagen erfüllen ...

Das ist so verquer! Denn ich weiß, dass Reinhold vor vielen Jahren einen Schlachtraum auf Oberortl bauen ließ, der einige Jahre lang auch in Betrieb war.

Monika: Das ist ja der Jammer! Denn am 1. Dezember 2005 haben wir den Hof hier übernommen und genau an diesem Tag ist die Genehmigung verfallen, weil sich unser Vorgänger nicht um die Durchführung der vorgeschriebenen Neuerungen gekümmert hat. Das ist somit alles umsonst gebaut, leider. Was der Reinhold da an Geld verloren hat, nur weil gewisse Leute so schlampig waren und sich um nichts Bürokratisches gekümmert haben, das ist unglaublich!

Michl: Und wie frech die waren! Ich kann mich erinnern, als wir angefangen haben am 1. Dezember, tauchte gleich in den ersten Tagen ein Metzger auf und schlachtete kurzerhand einige der Schweine am Hof – mit der Begründung, die seien für den Reinhold.

Monika: Erst im Nachhinein kamen wir drauf, dass er das Fleisch ins Ultental verkauft hat! Da kamen noch andere Leute und nie-

mand hat gefragt, wem die Tiere nun gehören, ob sie warmes Wasser und Strom benutzen dürfen – obwohl wir den Hof ja bereits übernommen hatten! Die spazierten in den Stadel und die Werkstatt, als ob alles ihnen gehören würde. Bis mir irgendwann der Kragen geplatzt ist. Da bin ich zur Furie geworden.

Michl: Da hat dann auch der Reinhold eingegriffen. Die Werkstatt war genauso geplündert. Doch was hinter dem Stadel alles herumstand, das war wirklich unfassbar – mich hat es irgendwann mittendrin schon gegraust, ich dachte, ich kann jetzt nicht mehr. Da wurde jahrelang Misswirtschaft betrieben! Die ersten drei Jahre waren alles andere als einfach, wenn ich zurückblicke. Denn es war so viel zu tun, um es so hinzukriegen, wie wir es haben wollten und um überhaupt richtig arbeiten zu können! Das war schon zach.

Ihr habt euch jedoch nicht abschrecken lassen: So einen ordentlichen, aufgeräumten Bergbauernhof wie Oberortl, gibt es selten.

Monika: Das sagt sogar der Sonnenhof Walter (*der Altbauer eines Nachbarhofes auf Juval*) immer. Das ist Michls Verdienst. Deswegen kommen auch immer wieder Leute, um sich den Hof anzusehen. Ja, Oberortl brauchte die ganzen Erfahrungen, die wir in unserem Leben gesammelt und hierher mitgebracht haben, gell, Michl? (*lacht*) Das Gasthaus alleine ist kein Problem, aber wenn du den Hof mitsamt Urlaub auf dem Bauernhof mit einbindest, dann sieht die Sache anders aus.

Aber das macht heute Oberortl ja aus, dieses gelungene Ineinandergreifen, die Mischung dieser drei Bereiche. Und darüber haben wir noch gar nicht gesprochen, abgesehen vom Fleisch: Ihr seid auf diesem Hof eigentlich Selbstversorger.

Monika: Ja, das kann man sagen. Wir haben zwar kein Korn oder Getreide im Moment, aber der Hof hat alle Voraussetzungen für einen Selbstversorgerhof. Und wir haben ja immer auch die Gelegenheit zu tauschen – wie das immer schon war.

Michl: Der eine baut das, der andere jenes an – was besser geht.

Was hast du alles selbst im Garten, Monika?

Monika: Ich habe einen Kräutergarten, viel Salat. Und ich bekomme sehr viel von deiner Mama und meinen Geschwistern, die auch alle Riesengärten haben: kistenweise Gemüse und Obst. Ich nehme mir dann die Zeit, um es zu veredeln. Für mich ist das wichtig, denn so kann ich den Gästen sagen: »Diese Zucchini, Biogartengemüse ohne Spritzmittel, sind auf Juval gewachsen und selbst süß-sauer eingelegt.«

Sind eure Gäste hauptsächlich Museumsbesucher, Stammkunden oder auch solche, die zufällig vorbeikommen?

Monika: Ich würde sagen, es sind hauptsächlich Museumsbesucher, aber auch viele Stammkunden, die immer wieder kommen – allerdings ließ das ein wenig nach, was wahrscheinlich mit der finanziellen, wirtschaftlichen Situation zu tun hat. Es sind Wanderer, manchmal auch Gäste, die gezielt zum Essen kommen, besonders abends. Worauf ich stolz bin, sind die Südtiroler, die zu uns kommen – das habe ich auch von meiner Mama gelernt, denn sie hat immer gesagt: »Wenn du es schaffst, die Einheimischen in einen Betrieb zu bringen, dann funktioniert er.« Aber wir merken natürlich schon, wenn das Museum offen ist. Im Juli und August, wenn ihr da seid und das Schloss zu ist, ist das etwas völlig anderes, dann ist es ruhig. Wenn ich daran denke, wie es im ersten Sommer war, da habe ich einen Purzelbaum geschlagen, wenn vier Leute am Tag gekommen sind. Heute ist es so, dass auch im Sommer mehr Besucher da sind, es hat sich mit der Zeit gut eingependelt. Zudem erkläre ich immer, wenn ich gebeten werde mit dem Reinhold zu reden, damit das Schloss auch im Sommer zu besichtigen wäre: »Ja, sagen kann ich es ihm schon, aber ich glaube nicht, dass das etwas ändert; denn es ist ein privates Schloss und damit seine Entscheidung und zudem habe ich genug Gäste bzw. zu tun, auch im Sommer.« Denn mir kommt es gelegen, wenn es etwas ruhiger ist, so kann ich die ganzen Marmeladen, Säfte, Krapfen, Ravioli und Teigtaschen machen. Im Herbst hätte ich nie die Zeit dazu.

So gesehen funktioniert das perfekt – genau wie am Hof, oder Michl? Er gibt einen ganz eigenen Rhythmus vor, und es ist immer etwas zu tun, gerade auch, wenn das Museum nicht geöffnet ist, wie beispielsweise im Winter, wenn auch ihr geschlossen habt.

Michl: Genau, das Schlachten fällt dann an, das Speckmachen. Und natürlich sind die Tiere immer zu versorgen. Auch das Holzen ist dann dran.

Monika: Die Kläranlage muss ausgepumpt werden, die Maschinen sind zu warten. Ein Hof hat einen ganz eigenen Rhythmus, aber er ist nicht mit Stress verbunden – vorausgesetzt der Reinhold stresst nicht. (*lacht*) Es ist immer etwas zu tun, aber es ist eine andere Art von Arbeit als in der Stadt, man hat mehr Zeit. Deswegen sage ich immer, wir brauchen nirgendwohin in Urlaub zu fahren, weil man es nicht feiner als hier haben kann, wenn die Leute weg sind. Auf dem Hügel ist dann absolute Ruhe! Und die gibt einem viel, das ist ein wahrer Luxus. Auch das Vieh macht dich ruhig. Meine Geschwister verstehen das nicht, sie fragen: »Bist du schon wieder oben auf dem Bockberg?« Dann entgegne ich: »Wofür soll ich runtergehen ins Tal?«

Michl: Den gestressten Leuten zuschauen?

Was bietet ihr neben Ferien am Bauernhof, Steak-Abenden oder exklusiven Veranstaltungen für geschlossene Gesellschaften noch an?

Monika: Den »Riesling-Abend« zum Beispiel. Das fasziniert und begeistert mich, weil es dazu eine ganz andere Küche braucht und weil ich die Edelteile von einem Milchkalb oder einem Yak nicht einfach so auf die normale Karte setzen möchte, das täte mir leid. Diese Spezialabende kommen sehr gut an. Mittlerweile haben wir Gäste, die extra von München oder Zürich für diesen Abend nach Südtirol fahren. Das ist ein Riesenkompliment und nicht selbstverständlich, glaube ich. Zudem haben wir auch den »Juvaler Frühling« und ein jeder von uns hat immer wieder verschiedene Ideen, was man zusätzlich machen könnte. Sogar einen Christkindlmarkt hatten wir einmal angedacht. Musikevents haben wir ebenfalls schon organisiert. Auch kommt alle zwei Jahre der Martin Aurich im Rahmen der Weinwanderung zu uns. Die Hochzeiten sind ebenfalls im Winter zu organisieren – diese Feiern sollen etwas ganz Besonderes sein. Und das gelingt uns auch, weil wir uns mit den Brautleuten beschäftigen, daher war eine jede bisher einmalig.

Michl: Der *Schlosswirt* hat eine einzigartig schöne Atmosphäre.

Monika: Ich finde den Gastgarten phänomenal, richtig verwunschen. Er ist einfach schön, so wie er ist, da braucht bzw. darf man gar nicht viel zusätzlich machen – es wächst ja auch viel. Das sehen die Gisela und ich ähnlich: Dass man es schaffen muss, den Oberortlhof so zu präsentieren, wie er sich gibt, da musst du dich persönlich zurücknehmen. Denn, wenn du das nicht tust, dann überlädst du ihn nur, obwohl er schon stark genug ist. Aber das Wichtigste ist, dass der Schlosswirt so einzigartig ist, dass man ihn nicht nachmachen kann. Das ist das, was mich fasziniert: Oberortl hat ein ganz ein eigenes Leben, der Hof hat ein Herz. Ich habe immer das Gefühl, dass die Leute das auch merken. Wie hat ein Gast einmal zu mir gesagt? »Es ist wunderschön, ein Museum lebendig zu sehen.« Das ist ein

Links ~ Fünf verschiedene Schafrassen mit insgesamt 45 Tieren hält Michl Schölzhorn derzeit. Sein ausgebildeter Hütehund, ein Border Collie, ist ihm eine große Hilfe beim Zusammentreiben der Herde – zusammen sind sie ein perfekt eingespieltes Team.

schönes Kompliment und trifft's genau! Natürlich hat der Hügel an sich schon eine starke, eine besondere Ausstrahlung, doch wenn ich ehrlich bin, dann haben der *Sonnenhof* oder auch der *Schlossbauer* auf Juval noch nie verstanden, was sie da für Möglichkeiten hätten.

Michl: Das stimmt. Was wir allerdings bräuchten, um die Angestellten auszulasten, finde ich, wären auch am Abend mehr Gäste. Das funktioniert noch nicht so gut.

Wie könnte man das erreichen?

Michl: Dazu bräuchten wir zehn Zimmer mehr. Denn es ist so, dass am Abend oft die Hausgäste zum Essen kommen, und wenn das mehr wären, hätte man abends konstant eine bestimmte Gästezahl.

Monika: Ein Grund, warum wir am Abend nicht so viele Gäste haben, ist die Straße. Wir haben alles schon probiert: haben einen Shuttle angeboten, die Gäste selbst schon gefahren, aber keine Chance. Offenbar wirkt die Juvaler Straße abschreckend. Keine Ahnung, warum.

Michl: Die Leute rennen in der Nacht zwar mit der Stirnlampe auf jeden Berg und mit den Skiern oder Schneeschuhen herum, doch das Stückchen da herauf trauen sie sich nicht.

Monika: Wir haben schon überlegt, Nachtwanderungen oder Vollmondwanderungen über den Waal anzubieten, aber wenn man bei den Hotels in der Umgebung anfragt, dann gibt's kein Interesse an einer Zusammenarbeit.

Michl: Die sperren ihre Gäste heute ja regelrecht ein. Das wird sich irgendwann auch wieder ändern, wenn die Gäste der Überverpflegung im immer selben Hotel überdrüssig werden.

Die Kooperation mit anderen Gastronomen bzw. Hoteliers ist schwierig?

Monika: Sehr schwierig. Viele Gäste sagen ja auch, dass sie so gerne meine Nocken kosten würden, aber einfach noch viel zu satt sind von der Dreiviertel- oder Vollpension ihres Hotels. Wir haben einige Hoteliers aus Dorf Tirol, die im Frühling und Herbst immer fleißig mit ihren Gästen kommen – zum Beispiel zum Spargelessen. Aber da braucht's einen langen Atem. Irgendwann kommt hoffentlich die Erkenntnis, dass das eine einmalige Möglichkeit wäre, vielleicht ja auch bei den Hoteliers in der Nähe an.

Es ist eine glückliche Fügung, dass ihr als Pächter genau das umsetzt, was Reinhold immer vorgeschwebt bzw. was er sich erhofft hat.

Monika: Der Meinung bin ich auch, wir haben da ganz ähnliche

Vorstellungen. Wenn ich einen Event-Hügel inszenieren wollte, dann würde ich mit dem Reinhold sicherlich ordentlich aneinander geraten. Das ist unser Glück, dass wir auf derselben Wellenlänge sind, dass alles ineinandergreifen kann: So haben wir beispielsweise mit dem Martin Aurich heuer wieder super zusammengearbeitet.

Michl: Bodenständig und ehrlich muss man sein, dann funktioniert es dauerhaft und nachhaltig.

Monika: Oft, wenn ich neu gebaute Hotels oder Berghütten sehe, denke ich, das ist wie in einem Film, nichts zum Angreifen, nichts dahinter, reine Kulisse, das sind Scheinwelten.

Und das genaue Gegenteil ist ja beim Oberortlhof der Fall. Ich kann mir vorstellen, dass es die Ferien-auf-dem-Bauernhof-Gäste auch besonders fasziniert, wenn sie sehen, wie so ein Hofalltag abläuft, wie das Ganze funktioniert?

Monika: Eindeutig. Wir haben Stammgäste, die sind jedes Jahr sieben Wochen da, das will was heißen! Und ich sage immer: »Der Zaun ist nicht da, um die Menschen vor den Tieren zu schützen, sondern die Tiere vor den Menschen.«

Michl: Das soll kein Zoo, sondern ein voll funktionierender Hof sein. So geht es einfach zu, so läuft es ab, da ist nichts Aufgesetztes dabei.

Michl, was für einen Tierbestand hast du eigentlich zurzeit?

Michl: Momentan haben wir fünf verschiedene Schafrassen mit insgesamt 45 Schafen. Bei den Schweinen sind es drei Sauen sowie ein Eber und 20 Junge, die drei Monate alt sind, denn zehn haben wir gerade geschlachtet. Ach ja, dann haben wir noch ein Lama zurzeit, da brauchen wir unbedingt noch eines, damit die Dame nicht so alleine ist. Obwohl sie viel mit den Schafen unterwegs ist: Als eines »gelampelt« hat, wollte sie immer auf die Lämmchen aufpassen. Die springen sogar auf und über sie, wenn sie liegt. *(lacht)* Hühner haben wir ebenfalls, Kühe aber nicht – denn der Stall ist einfach zu nahe am *Schlosswirt*, das wäre im Sommer mit der Gastwirtschaft nicht vereinbar.

Worauf kommt es dir an, wenn du einkaufst, Monika?

Monika: Auf die Tierhaltung und die damit einhergehende Qualität. Lamm und Ferkel kaufe ich eigentlich nie zu, aber das Rindfleisch beziehen wir von einheimischen Bauern, die wir kennen. Ich kaufe das Fleisch nie im Großmarkt, sondern hole das Vieh direkt beim Bauern und lasse es schlachten.

Wie verarbeitest du das Fleisch nach dem Schlachten dann weiter?

Monika: Beim Fleischkäse zum Beispiel habe ich lange herum getüftelt, dass der so wird, wie er jetzt ist, denn da sind nicht einmal Kräuter drin. Das war mir ganz wichtig, weil es junges, qualitätvolles Fleisch ist, da kann man sich das trauen. Heuer haben wir zehn Ferkel geschlachtet und keine zugekauft, weil ich mir denke, mein Gott, im Notfall gibt es eben keinen Speck mehr. Es gibt ja auch noch die Bresaola, die Coppa und die Salami, die Bestandteil des »Juvaler Jausenbrettl« sind.

Wie funktioniert die Zusammenarbeit mit Reinhold?

Monika: Sehr gut, weil er ein Praktiker ist. Was ich am Reinhold bewundere, ist die Tatsache, dass er uns am Anfang, als wir ganz neu auf Oberortl waren, einfach machen ließ. Er hat uns nicht reingeredet. Er hat uns immer nur beobachtet.

Michl: Wobei er im ersten halben Jahr schon immer wieder gekommen ist und gesagt hat, was noch zu tun wäre. Aber danach ist das immer weniger geworden. Vielleicht auch deshalb, weil ich ebenfalls ein selbstständiger Denker und Arbeiter bin. Da wird er wahrscheinlich gemerkt haben, dass das so funktioniert und deshalb wurde es immer lockerer. Am Anfang hat er natürlich geschaut, was wir für Leute sind und ob wir das ordentlich machen. Da konnten auch wir ihn noch nicht so einschätzen, wir haben nur das eine oder andere gehört.

Monika: Und wir haben eigentlich mehr Schlechtes als Gutes gehört, deshalb bin ich negativ beeinflusst gewesen. Bis ich mir dann mal gesagt habe: »Porzellana, so ist er ja gar nicht!«

Michl: Im Gegenteil, wir waren umso überraschter als wir feststellten, dass es genau umgekehrt ist!

Monika: Was ich ihm hoch anrechne – und ich denke, dass da auch deine Mama ein bisschen dahinter war – ist die Tatsache, dass er uns die Chance gegeben hat, uns zu beweisen, denn er hätte uns Oberortl nicht verpachten müssen. Er hat uns schließlich genauso wenig gekannt wie wir ihn. Und wir haben ihm ja auch nicht aufgezählt, was wir schon alles gemacht haben und können – der Michl macht so etwas sowieso nicht und ich bin auch nicht der Typ dazu. Du musst den Mut haben jemandem deinen Besitz anzuvertrauen, den du nicht kennst. Und ich bin überzeugt, dass er nicht mal Erkundigungen über uns eingeholt hat, hundertprozentig nicht. Er hat intuitiv entschieden.

Michl: Ich kann mich gut erinnern, dass wir bereits zum Weihnachtsessen eingeladen wurden, als wir erst kurze Zeit auf Oberortl waren. Und da hat der Reinhold gesagt: »Ich suche so lange, bis ich die Richtigen gefunden habe.«

Monika: Das weiß ich gar nicht mehr … Aber ich kann mich erinnern, wie der Reinhold einem Nachbarn auf Juval einen Bagger geschenkt hat, weil die Schweine ausgebrochen waren und dessen Wiese zerwühlt haben. Da waren wir noch nicht da, ich habe hier nur als Köchin gearbeitet, als das passiert ist. Ein anderer würde das nie tun, der schenkt nicht gleich einen Bagger her, der ein Heidengeld kostet, nur weil dem Pächter die Tiere ausgebüchst sind.

Michl: Ja, das stimmt. Der Reinhold ist ein großzügiger Mensch. Und doch haftet ihm teils dieser schlechte Ruf an.

Monika: Ja, der Neid …! Aber ich habe das Gefühl, dass es schon viel besser geworden ist.

Michl, bist du mittlerweile froh, auf Juval gelandet zu sein?

Michl: Ja, das bin ich. Es liegt mir, nach den Tieren zu sehen – da habe ich ein feines Gespür: Wenn ein Schaf »lämpert«, liege ich meist nicht einmal einen Tag daneben. Oder bei den trächtigen Sauen, die schaue ich mir genau an und weiß dann, morgen könnte es so langsam losgehen.

Das ist schon beeindruckend.

Michl: Der Roland entwickelt das Gespür dafür auch langsam. Zuerst hat ihn das Vieh nicht so interessiert, doch jetzt, durch die letzten Jahre, wäre ihm ohne die Tiere langweilig. Er musste das langsam mitverfolgen, wie das geht und was zu tun ist. Er kann es noch nicht so treffgenau einschätzen, aber man merkt, dass er immer mehr aufpasst und bewusst beobachtet.

Monika: Doch als Hebamme ist er schon perfekt, da könntest du keinen besseren finden.

Letzte Frage: Was wünscht ihr euch für die Zukunft, Oberortl betreffend?

Michl: Noch lange da bleiben zu dürfen.

Monika: Und das sagst ausgerechnet du! (*beide lachen*)

Das Weingut Unterortl auf Juval

Seit über 20 Jahren bewirtschaftet Martin Aurich zusammen mit seiner Frau Gisela den Unterortlhof auf Juval. Beide stammen aus Deutschland, beide sind Quereinsteiger – sie gelernte Großtierärztin, er ausgebildeter Getränketechnologe –, ihre Leidenschaft und das Vertrauen Reinhold Messners in sie aber ermöglichte es ihnen, aus dem verfallenen Anwesen ein erlesenes Weingut mitsamt Hofbrennerei zu machen: Rund 30.000 Flaschen Wein, dazu Grappe und Obstbrände entstehen auf den sieben Hektar Betriebsfläche jährlich.

Die Faszination für den Weinbau hat Martin Aurich nicht in die Wiege gelegt bekommen. Der Sohn Berliner Bildungsbürger und bewusster Städter bemerkte aber schon früh, dass er sich in der Stadt nur begrenzt, dafür draußen in der Natur umso wohler fühlte. Bereits als Jugendlicher jobbte er in einer Weinhandlung und entschloss sich für eine Winzerlehre, als ihm ein Studienplatz für Getränketechnologie per Losentscheid jedoch einen Strich durch die Rechnung machte. »Stinksauer« sei er damals gewesen, nahm das Studium aber auf. Da er trotz abgeschlossenem Studium in Deutschland keine Arbeit fand, landete er Anfang der 1980er-Jahre in der Südtiroler Fruchtsaftindustrie, wandte sich jedoch bald immer mehr seiner Leidenschaft, dem Wein, zu. Heute sagt er: »Der Wein ist mein Leben. Ich rieche und schme-

Oben ~ Informationstafeln zeigen den an den Weinflächen Unterortls vorbeiwandernden Interessierten an, welche Sorten hier gedeihen.

cke, genieße sehr gerne und kann mir Geschmackseindrücke gut merken. Das und eine gewisse Neugier sind die Grundvoraussetzungen, um gute Weine machen zu können.«

Martin und seine Frau haben immer wieder neue Ideen, verknüpfen die Historie des Juvaler Hügels mit ihren Produkten, nicht nur den Genuss: So produzieren sie beispielsweise einen Edelbrand aus alten Apfel- und Birnensorten – Obst von Bäumen, die noch aus der Zeit William Rowlands stammen und damit Geschichten erzählen. Erfolgsgeschichten, die mit den jeweiligen Menschen stehen und fallen, mit jenen Menschen, die damit verbunden sind, darin aufgehen, sich damit identifizieren. Wie Gisela und Martin Aurich es seit mehr als 20 Jahren tun.

Ihre drei Kinder sind auf dem Juvaler Hügel aufgewachsen, ich kenne die Familie, seit ich denken kann. Im Zuge des Gesprächs jedoch, für das sich Martin zwei Stunden Zeit nahm, obwohl er bis über beide Ohren mit den Vorbereitungen für das Brennen des Kastanienschnapses eingedeckt war, lernte auch ich jede Menge Neues dazu. Unter anderem, dass Bauern und Weinbauern in ihrer Mentalität nicht dieselben sind, wie Weingebiete die Menschen prägen und wie dadurch Offenheit entstehen kann. Und dass ein gewisses Maß an Naivität hilfreich ist, um etwas zu wagen.

Magdalena Messner: Martin, hast du den Entschluss, Unterortl als Winzer zu übernehmen, jemals bereut?
Martin Aurich: Nein, nie! *(lacht)*

Oben ~ Reihe für Reihe stehen die Reben: auf kleinen Parzellen und steilen Stellagen. Der Panoramablick über das Etschtal ist einmalig.

So schnell, wie diese Antwort kam ... Wirklich nie?

Nein, nein, wirklich nie. Wir haben hier angefangen, nachdem wir schon lange nach Wegen gesucht hatten, irgendetwas selber zu machen oder auch mitzumachen – das war eine starke Emotion, ein Wunsch, der irgendwo in mir begraben lag. Es ergaben sich damals mehrere Möglichkeiten, alle in Südtirol. Nach Juval aber kamen wir durch unsere heutigen Nachbarn, die Forchers. Gisela hat damals für Georg Forcher als Tierärztin gearbeitet, wodurch er wusste, dass wir etwas suchten. Und bei einem Kaufgespräch mit deinem Vater (*Messner hat der Familie Forcher das Feuerhaus des Unterortlhofes verkauft*) ist es anscheinend dazu gekommen, dass Reinhold erwähnt hat, dass er jemanden suche, der ihm seine Apfelbäume, die hier rundherum

noch standen, bewirtschaften würde. Da meinten die Forchers, sie wüssten zwar niemanden, der Äpfel bearbeiten, aber jemanden, der Wein ziehen würde, das schon. Und da hat dein Vater gesagt: »Ja, das würde mir auch gefallen.« (*lacht*)

Ach, so war das!

Ja, so war das. Nachdem mir die Forchers das gesteckt hatten, habe ich mich mit Reinhold in Verbindung gesetzt. Vorher habe ich auf Juval mal eine Runde gedreht, bin durch das Dickicht hier hinterm Haus gegangen – da war ja ein Drittel zugewachsen. Aber ich habe gesehen, was da und was möglich ist. Das hat mich alles sehr fasziniert. Ich habe ihm dann einen Vorschlag gemacht – oben im Schloss, deine Mutter war auch dabei – und gesagt: Man könnte das so und so machen und das und das anbauen. Da war nicht nur von Wein die Rede. Ich wollte auch mit Kräutern etwas machen, doch das hat sich zwischenzeitlich zerschlagen, weil mit dem Wein genug zu tun ist. 1991 haben wir dann eine kleine Pflanzung begonnen, noch ohne Pachtvertrag. Dein Vater hat uns damals ein Budget zur Verfügung gestellt, mit dem wir das Aufstellen eines Gerüsts sowie einen Bagger, der den Boden vorbereitet hat, bezahlen konnten. Wir haben somit in Eigenregie probiert, was funktioniert und was nicht, indem wir auf einem kleinen Stück Grund vier verschiedene Rebsorten gepflanzt haben. Am Anfang stand einfach nur die Faszination und die Begeisterung, so etwas selber zu machen, im Vordergrund.

Als du diesen verwilderten Zustand gesehen hast, wie war dir da zumute?

Er hat mich nicht abgeschreckt, ganz im Gegenteil. Wir sind ja mit nichts gestartet, wir hatten kein Geld. Das war alles nur deshalb möglich, weil dein Vater uns ein Anfangskapital gegeben hat, mit dem wir starten konnten. Wir hätten das selber nie bezahlen können! Insofern waren wir heilfroh um diese Rückendeckung, der Zustand selbst hat mich nicht wirklich erschreckt. Vielleicht weil auch ein Stück Naivität dabei war, das kann schon sein.

Was in diesem Moment ja gut war.

Ja eben, genau. Wir haben im Jahr darauf die erste große Pflanzung gemacht, einen Hektar Weinbau angelegt. Da haben wir dann schon gemerkt, was das heißt und wie viel Arbeit damit verbunden ist. Denn ich habe zu diesem Zeitpunkt noch voll an der Laimburg (*Land- und Forstwirtschaftliches Versuchszentrum Südtirols*) gearbeitet und nur nebenbei, am Wochenende vor allen Dingen, hier gemacht, was möglich war. Aber auch das war ein Glück: Juval bietet durch diese luftige Lage ein Klima, wo pflanzenschutzmäßig nicht sehr viel schief gehen kann. Wir haben uns am Anfang eigentlich nur darauf konzentriert, zu mähen, zu bewässern und das Unkraut in Schach zu halten. Es war ein Lernen am Objekt. Ich bin ja kein gelernter Weinbauer, ich bin gelernter Getränketechnologe. Doch der Weinbau war durch meine vorherige Tätigkeit an der Laimburg immer ganz dicht an mir dran und ich habe vorher mit Freunden auch einen kleinen Weinberg in Marling betreut – habe da, unabhängig von Juval, ein paar Erfahrungen im Weinbau gemacht. Das hat mich alles wahnsinnig gefesselt. Ja, und aus der Situation heraus ist das Weingut Unterortl einfach gewachsen. Es ist über die Jahre langsam, langsam entstanden. Schritt für Schritt.

Du hast das Weingut von Anfang an mit Reinhold zusammen aufgebaut – wer hatte da das Sagen, das letzte Wort?

Er hat uns, was das Fachliche angeht, vollkommen freie Hand gelassen. Er hat gesagt: »Schau, du musst wissen, was da richtig ist. Von mir aus«, hat er gemeint, »müsstest du jetzt rote Trauben von oben bis unten pflanzen, aber du musst wissen, ob das richtig ist oder nicht.« Deine Eltern sind ja bekennende Rotweintrinker. Aber für mich war klar, dass eher weiße Trauben geeignet sind und nur diese eine Sorte Blauburgunder, die wir heute noch führen. Als Person hat er eigentlich mehr darauf geachtet, dass es funktioniert. Im Rahmen vom Hausbau zum Beispiel lagen an der Straße längere Zeit Balken und Rohre herum, das hat ihn gestört.

Solche Kleinigkeiten?

Oh, Kleinigkeiten würde ich nicht sagen, das gehört ja auch dazu. Das war auch gut, dass man einen Anstoß hatte, etwas zu tun! Aber er hat mir eigentlich vollkommen freie Hand gelassen, das wäre anders auch nicht gegangen, denn wir haben am Anfang teils zu wenig Arbeit investieren können, um die Kultur optimal aufzuziehen. Bei der ersten großen Anlage haben wir sicherlich ein Jahr eingebüßt, weil anfangs die Pflege nicht so intensiv war, wie sie hätte sein sollen. Aber er hat uns diese Freiheit gelassen. Das war ein großes, ein ganz großes Glück!

Das Haus habt ihr dann auch zusammen geplant?

Ja, das Haus stand als Möglichkeit im Raum, von Anfang an: dass man den Stadel umbaut, denn das Wohnhaus war ja schon verkauft. Aber es war zu Beginn nicht ganz sicher, ob dieses Haus dann hier wirklich so entstehen sollte oder nicht. Es war ja auch eine große Investition! Und es war für deinen Vater zudem eine Investition, denke ich, die nicht absehbar schnell zurückkommen würde. Er hat damals wiederholt sinngemäß gesagt: »Im Grunde hätte ich das Geld auch verschenken können.« Und im Prinzip stimmt das, denn er verdient oder hat an dem nichts verdient, wenn man es rein ökonomisch betrachtet. Das kann man nur machen, wenn man sagt: »Mir liegt etwas daran und ich sehe das Ganze – Burg und Höfe – als Gesamtobjekt, das wiederaufgebaut werden, überleben soll.« Es war seine Großzügigkeit, die da mitgewirkt und es zugelassen hat: diesen Aufbau in der Art, so nebenbei, mit uns, einer jungen Familie, die noch in Lana lebte und hier oben nur am Wochenende und abends mal war. Der Hausbau war allerdings eine Zerreißprobe für uns beide, das musste alles abgewickelt werden, und ich habe bei Reinhold manchmal eine Zerrissenheit gespürt, ob er das jetzt wirklich will oder nicht. Es war damals manchmal nicht so

angenehm, will ich ganz ehrlich sagen. Aber am Ende ist es gut gegangen. Mit dem geplanten, in den Felsen gesprengten Weinkeller hätten wir die Straße gefährdet, daher hat dein Vater gesagt: »Jetzt ist Schluss damit!« Und das war auch richtig so, mit Gewalt erzwingen kann und soll man nichts. Im Dezember 1994 sind wir dann hier eingezogen. Das war eine glückliche Fügung, an dem Ort wohnen zu können, wo man arbeitet – wenn auch vorerst nur teils, denn ich war noch bis 2007 in der Laimburg tätig; immer weniger allerdings, ich hatte auch da das Glück einen Vorgesetzten zu haben, der gesagt hat: »Okay, gut, ich geb dir jetzt noch einen Tag mehr in der Woche, an dem du dich auf Juval einbringen kannst, aber du musst auch hier etwas tun.« So habe ich mich langsam zurückziehen können. Und auch das hat es ermöglicht, dass das Weingut überhaupt so entstanden ist. Mit der Zeit hat es dann gut funktioniert. Wir haben gelernt, uns in dem Betrieb zu bewegen, ihn von der landwirtschaftlichen Seite her zu bewirtschaften, die richtigen Maschi-

nen und auch Personal zu haben, denn alles kann man nicht alleine machen, das ging von Anfang an nicht. Zudem konnten wir das Ganze sehr kreativ bewirtschaften, da hat dein Vater uns völlig freie Hand gelassen. Er war auch sehr großzügig, was die Pacht anging: In den ersten fünfzehn Jahren war das nur eine Naturalienpacht in Form von 350 Flaschen Wein – eine schöne Sache. (*lacht*) Und auch danach war sein Blick für das Mögliche bei der Pacht sehr scharf und sehr pragmatisch – nach dem Motto: leben und leben lassen. Das hat uns natürlich die Motivation gegeben, das zu tun, was nötig ist, und in den Betrieb zu investieren.

Oben ~ Die Lage von Unterortl ist eine ganz besondere: Die Wärme von Südosten und die rückströmende Kühle aus dem Schnalstal sorgen für optimale Bedingungen.

Ihr habt ja selbst auch einiges investiert.

Klar, ja. Aber das, was uns am Anfang bewegt hat, hier zu beginnen und was uns jetzt bewegt zu bleiben, sind zwei vollkommen verschiedene Dinge. Mit der Zeit verändert man sich, wird zum Unternehmer und fängt an Spaß zu haben an dem menschlichen Aspekt: Dass man etwas verkauft, das Gefühle erzeugt bei den Menschen. Insofern ist es eigentlich ein starkes Miteinander geworden zwischen Pächter und Verpächter – auf einem Achtungsverhältnis, einem spürbaren Achtungsverhältnis basierend. Das ist sehr schön.

Ihr seid beim Hausbau ja mit die Ersten gewesen, die Solarplatten auf dem Dach hatten – das war damals noch nicht gang und gäbe. Hat sich diese Form der autarken Energiegewinnung bewährt?

Es ist so: Dein Vater hat damals auf das Baumannhaus unterm Schloss Solarplatten draufsetzen lassen. Diese Solarplatten sind allerdings beanstandet worden, ich glaube vom Amt für Denkmalschutz, und deshalb haben wir diese Platten übernehmen können. Die ganze Anlage ist oben abgebaut und hier wieder aufgebaut worden. Die Solarplatten – wir haben die Anlage gerade wieder erneuern und auf den technisch neuesten Stand bringen lassen, denn die Technik ist mittlerweile viel effizienter geworden – sind so konzipiert, dass wir für das Warmwasser zwischen Februar und Mitte Oktober kein anderes Heizmaterial benötigen. Und die Anlage ist auch so angelegt, dass die Energie nicht nur ins Warmwasser, sondern zudem in einen Puffertank, den auch andere Heizquellen speisen, geleitet wird. Aus

Oben ~ Schnell stand für Martin Aurich fest, dass sich die Anbauflächen Juvals vor allem für Weißweine hervorragend eignen. Ausgewählte rote Trauben hat Aurich aber auch in seinem Sortiment.

ihm wird dann die Energie für alles andere entnommen. So sind wir jetzt beispielsweise imstande, diesen Puffertank von ungefähr 1.250 Litern allein durch die Wärme der Sonne um 10 bis 15 Grad aufzuwärmen. Die Anlage ist gut exponiert und die Steilheit stimmt auch. Das war damals sehr vorausschauend von deinem Vater. Es ist für uns als Kleinbetrieb extrem wichtig, dass wir so Energie sparen können. Denn wir brauchen Energie, viel Energie. Wir kühlen beispielsweise die Moste, wenn wir sie gepresst haben, aber wir wärmen sie im Herbst wieder leicht an, damit wir die Gärung starten können. Und da hilft uns das System sehr.

Du hast vorhin nur ganz kurz erwähnt, dass die Lage eine besondere ist. Ich weiß aber von dir, dass gerade die Hanglage in dieser Höhe sehr aufwendig sowie mühsam in der Bearbeitung ist. Warum habt ihr durchgehalten, obwohl es so arbeitsintensiv ist?

Auch da stand am Anfang die Naivität. Und die Tatsache, dass das einfach so ist, denn Weinbau findet ganz allgemein oft im Steilhang statt, das ist in vielen Teilen der Welt so. Und es ist im Weinbau auch bekannt, dass die guten Weine selten da wachsen, wo es ganz flach ist. Insofern war das für mich ganz klar, dass das nun mal so ist. Die Lage bietet ja auch eine starke Faszination durch die Höhe. Man schaut, man schaut weit, erlebt Ein- und Ausblicke. Es ist mitunter ein bizarres Bild: auf der einen Seite diese lebensabweisende, zerklüftete Felswand im Schnalstal, auf der anderen Seite schneebedeckte Berge, die grüne, gepflegte Bergbauernwiesen umrahmen – ein unglaublich starkes Arbeits- und Lebenspanorama! Die Lage ist auch günstig, weil man im Winter draußen arbeiten kann und sie durch den Ausgang am Schnalstal eine sehr starke Belüftung bietet: die Wärme von vorne, von Südosten, und die Kühle durch die rückströmende Luft aus dem Schnalstal. Das haben kaum andere Lagen, das ist auch im Vinschgau einmalig! Viele Weinhänge brüten nämlich am Sonnenberg dahin und geben einen ganz anderen Typ Wein. Der Wein, den wir hier machen, hat durch Klima und Gesteinsboden einen ganz besonderen Charakter: Er ist fruchtig, elegant und fein, enthält Säure, die saftig ist und anregt zum Trinken. Genau genommen braucht man gar nicht viel zu tun, damit die Weine so werden, wie sie sind.

Das würde ich nicht ganz so sagen, da bist du gerade zu bescheiden …

Aber die natürlichen Voraussetzungen sind so stark! Natürlich kann man die Weine im Keller vernachlässigen, man kann sie zum falschen Zeitpunkt ernten, man kann …

Man kann da ziemlich viel vermasseln, ohne Zweifel.

Stimmt, aber trotzdem ist es einfach so, dass die Lage an sich ganz interessante Dinge bietet. Natürlich hat das Ganze auch eine Kehrseite: dass das Gelände sehr steil und sehr klein parzelliert ist. Wir haben über 30 Parzellen, die wir auf den vier Hektar bearbeiten. Eine Pflanzenschutzbehandlung dauert bei uns vier Vormittage, die Kollegen machen dasselbe innerhalb von drei, vier Stunden. Aber das ist einfach so. Dafür bleibt immer die Faszination und natürlich irgendwo auch der Stolz, das so zu tun und damit Erfolg zu haben. Das spüren wir beide, Gisela und ich, diese Lage, dieses Besondere, das zieht an und ist immer noch beeindruckend.

Hat Gisela schon von Anfang an mitgearbeitet?

Am Anfang war sie natürlich sehr stark gebunden durch die Kinder. Die ersten Weine sind mit dem Jahrgang 1995 entstanden und auch wenn es damals noch nicht so viel Wein gegeben hat im Keller, war es trotzdem so viel, dass Hilfe nötig war. Im Weinbau hat sie sich damals noch nicht so viel eingebracht, aber mit dem Größerwerden der Kinder immer mehr. Auch deswegen, weil der Gutsverkauf Präsenz bedingt und die ganze Abwicklung, das heißt Rechnungen ausstellen, die Buchhaltung führen usw., ein Riesen-Rattenschwanz an der ganzen Sache ist, den man nach außen überhaupt nicht sieht. Aber Gisela hat von Anfang an gesagt, dass sich ihr Beruf als Großtierärztin nicht mit Kindern vereinbaren lässt. Daher ist sie gleich von Anfang an mit in den Betrieb hineingewachsen, wir sind beide mit hineingewachsen.

Das heißt, es war eine gemeinsame Entscheidung von euch, Unterortl zu übernehmen?

Absolut, wir haben diese Entscheidung gemeinsam gefällt, das geht gar nicht anders. Nur die Kinder sind mit reingezogen worden, ob sie wollten oder nicht. (*lacht*) Aber sie sind heute noch sehr fasziniert von Juval. Sie lieben den Ort und kommen auch gerne nach Hause zurück.

Wie gestaltet sich der Vertrieb?

Wir haben den Vertrieb von Anfang an so konzipiert, dass wir im Verkauf auf drei Standbeinen stehen: dem Direktverkauf zum Endkunden, an Restaurants und an Händler. Das Eine bedingt das Andere: Wer im Restaurant den Wein trinkt, kommt vielleicht auch mal zu uns und kauft den Wein oder kauft beim Händler; das Restaurant wiederum wird vom Händler bedient oder wir bedienen es direkt, das ist dann im Endeffekt egal. Es ist nur so, dass man diese Verhältnisse, die Prozentsätze zuein-

Links ~ Der Weinkeller ist zwar auch mit Holzfässern, mittlerweile jedoch vorwiegend mit Inoxtanks bestückt. Genauso wie Martin Aurich seine Weinflaschen nicht mehr mit klassischen Kork-, sondern mit Drehverschlüssen bestückt – die Qualität geht vor.

ander, bewusst einstellen muss. Das ist jedes Jahr eine genaue Rechnung.

Diesbezüglich muss man auch erwähnen, dass ihr ein begrenztes Kontingent habt, denn die Anbaufläche ist klein, wodurch ein exklusives Angebot entsteht.
Ja, exklusiv in jedem Fall und in jedem Sinne. Allerdings sind wir in eine Zeit hineingewachsen, in der es noch möglich war, relativ leicht auf Weinkarten zu kommen. Und der Name deines Vaters war und ist auch heute noch ein absoluter Schlüssel: um irgendwo reinzukommen, für die Bekanntheit des Produktes, des Hofes, des ganzen Hügels.

Nicht nur, dass du regelmäßig internationale Auszeichnungen für deine Weine bekommst, ihr habt auch den »Juvaler Frühling« ins Leben gerufen, bietet immer wieder Verkostungen inklusive Begehungen an und macht noch vieles mehr.
Es ist einfach wichtig, glaube ich, dass wir als kleine Betriebe immer wieder unser Gesicht zeigen und mit solchen Veranstaltungen den exklusiven Charakter unterstreichen. Wir gehen ja auch gezielt auf Weinausstellungen, bringen Leben auf den Hü-

gel und pflegen damit natürlich die Beziehung zum Kunden – ob das jetzt bestehende oder neue Kunden oder Touristen sind. Wir arbeiten mit dem Umfeld und wir versuchen es mitzugestalten, haben mehrmals die Veranstaltung »Wein und Kunst im Keller« gemacht, als der Keller noch nicht so voll gestellt war mit Fässern – jetzt ist das schwieriger. Veranstaltungen funktionieren hier bei uns, wenn wir den einmaligen Erholungswert dieses Hügels mit einbauen in die Veranstaltung. Das heißt: wandern, gehen, genießen – das funktioniert. Was die Erreichbarkeit betrifft, ist die Lage ein Nachteil, denn die Straße ist tagsüber geschlossen. Das geht nicht anders, wir hätten sonst eine Autobahn, wenn die schmale, einspurige Straße ununterbrochen von Autos befahren wäre. Daher haben wir gemerkt, dass solche Veranstaltungen gut funktionieren, bei denen wir diese Ruhe, diesen Genusscharakter mit dem Wandern verbinden. Das macht uns auch selbst sehr viel Spaß, muss ich sagen. Da ist dieser Kick, der dann entsteht, wenn Leute kommen und sich wohl fühlen, sich für den Wein interessieren und ein Austausch entsteht, wenn Leute Freude haben hierher zu kommen und wir auch Freude haben, dass sie da sind. Das ist eine Gemeinsamkeit zwischen Gisela und mir, dass wir das beide gerne

tun und da auch die Kinder zum Teil mitmachen. Wir verkaufen mit unserem Produkt Wein nicht nur etwas, das verbraucht wird, sondern auch Wohlfühlgefühle. Und die sind immer stark an Menschen, an Geschichten gebunden.

Euer Sortiment hat sich im Laufe der Zeit ungeheuer vervielfacht, denn wir sprachen bisher nur über den Wein, ihr habt allerdings auch eine eigene Hofbrennerei und bietet hausgemachte Säfte an – habt ihr in dieser Hinsicht noch weitere Pläne?

Ein Plan, der sicherlich noch etwas ausgebaut wird, liegt im Bereich der im Holzfass gelagerten Destillate, weil das einfach eine Nische ist, an die wir glauben: mit besonders guten Destillaten ins Holz zu gehen. Edelkastanienbrand im Holz haben wir jetzt mal versucht, doch wir müssen die Struktur im Keller für ein Destillatlager schaffen, in dem genügend Fasskapazität ist, um die Destillate auch länger zu lagern. Auch bauen wir schon seit 13 Jahren Holunder an, aber mit dem Brand sind wir nicht glücklich, es ist nämlich ein absolutes Liebhaberdestillat. Deshalb können wir davon nicht so viel verkaufen wie wir produzieren. Was allerdings sehr gut geht, sind Produkte wie Saft oder

auch Marmelade und Gelee aus Holunder. Hierzu haben wir einen Partner gefunden, der uns die Frucht veredelt, genau wie beim Kornellkirschenprodukt. Das heißt, wir machen eine gewisse Vorverarbeitung bei uns und lagern die Endverarbeitung zur Marmelade, zum Sirup aus. Diese Nischenprodukte – aus Holunder genauso wie aus Kornellkirsche – sind etwas, was andere Leute nicht oft machen oder so nicht kennen. Deshalb ist es uns wichtig, dass wir diese Nischen gut ausbauen. Viel ist nicht mehr möglich, weil die Flächen ausgereizt sind, aber das ist gut so, Qualität hat auch etwas mit begrenzter Menge zu tun.

Und beim Wein?

Da sind wir gerade dabei eine dritte Schiene beim Riesling aufzumachen. Wir haben am Riesling sehr viel gelernt, haben gemerkt, dass das eigentlich die Sorte ist, die in dieser Lage am besten funktioniert und haben das, was wir aus der Sorte machen, immer mehr differenziert: Wir haben einen Lagenausbau, den Riesling aus der Lage Windbichl, den klassischen Riesling Castel Juval, und wir wagen ab und zu, in den Jahren, wo es der Föhn zulässt, eine Spielerei, machen einen süßen Wein daraus. Dieses Sortiment soll nun erweitert werden: um einen Wein, der einen viel stärkeren Zechweincharakter hat als der bisherige Riesling. Das ist uns ein großes Anliegen: keine Verkostungsweine zu produzieren, die man zwar toll findet, aber nicht trinkt, weil sie einem vor lauter Extrakt im Mund stecken bleiben, sondern Weine, die so einen Charakter haben, dass man sie gerne trinkt. Und ein solcher Wein soll jetzt kommen. Das ist auch ein Ventil für uns: So können wir kleine Mengen, die bei uns entstehen, die aber unsere guten Rieslingqualitäten – also die klassischen Rieslinge Castel Juval und den Windbichl – schmälern würden, verwerten. Zudem können wir im Bereich der Landwirtschaft Trauben zukaufen. Das ist ein Produkt, das nicht mehr Castel Juval heißen und uns ein bisschen weg vom Mainstream, von den besonders wichtigen Weinen, hin zum Zechwein bringen wird. Wir sind bekannt für Riesling. Manche sagen, wir seien Riesling-Spezialisten, was vielleicht etwas übertrieben ist, aber wir treten damit etwas los, und es reizt mich einfach auch, ein bisschen zu provozieren.

Wie sieht das aus? Was reizt dich daran?

Aus dem Anbau die schwächeren Trauben ganz gezielt rauszunehmen, sie mit anderen kleinen Mengen – die wir von Partnern bekommen, die mit uns 1:1 kooperieren müssen, die unter meiner Anleitung und Beratung stehen – zu mischen und daraus einen anderen Wein zu machen, das ist schon etwas Neues. Zwar etwas kleines Neues, aber genau das ist unsere Nische. Als kleiner Betrieb können wir uns so etwas leisten. Ich sage immer: »Als kleine Betriebe können wir den großen zwischen den Beinen durchlaufen.« Und die Lage erlaubt es uns, ganz, ganz besondere Sachen zu machen, womit wir einen Durchschnittspreis erzielen, mit dem wir die Handarbeit auch bezahlen können. Das ist ungemein wichtig, das muss man bei aller Liebhaberei immer im Auge behalten, im Weinbau genauso wie im Keller: dass die Rechnung schlussendlich stimmt.

Wie viele Mitarbeiter beschäftigst du zurzeit?

Im Moment fünf bis sechs. Einige sind nur saisonal, andere sind aber doch fast das ganze Jahr über da.

So klein ist der Betrieb also gar nicht, wenn man die Anzahl der Arbeitskräfte betrachtet.

Es braucht einfach viel Sorgfalt und viel Handarbeit, aber wenn die Rechnung aufgeht, dann passt das und dann fühle ich mich auch wohl, denn wir beschäftigen hier Leute aus dem Umfeld, das gibt mir ein sehr gutes Gefühl. Und dann hat das Ganze auch eine sehr angenehme menschliche Seite, man hat die Leute ja nicht nur zum »Malochen« hier. Es braucht im Weinbau Menschen, die mit dem Kopf arbeiten, nicht nur einfach die Hand bewegen. Und die wachsen mit unserer Erfahrung im Betrieb mit, sind mitverantwortlich für die Qualität am Ende. Weinbau ist eine Teamarbeit.

Du hast von Anfang an mitverfolgt, wie dieser Hügel – vor allen Dingen auch durch das Museum – belebt wurde. Wie hast du das erlebt?

Ich habe es nie als Nachteil empfunden, weil es für uns natürlich ein Schlüssel für den Verkauf war. Es ist zwar so, dass der typische Juvalbesucher kein ausgesprochener Weinkunde ist, der sucht etwas anderes. Aber wir erschließen damit immer wieder Leute, wenn sie hier vorbeilaufen. Auch wenn sie nur wenige Flaschen mitnehmen können, bekommen wir hinterher oft eine E-Mail mit der Frage: »Können Sie uns Ihren Wein schicken?« Das funktioniert. Ich kann doch nicht hier oben leben, den Hügel lieben und das Land bearbeiten, und dann die Leute, die mein Produkt kaufen und mir damit die Rechtfertigung geben, hier überhaupt leben zu können, nicht mögen, das geht nicht. Wenn man keine Menschen mag, dann darf man so etwas nicht tun, dann sollte man Genossenschaftsbauer sein, seine Ernte abliefern und den Rest des Jahres etwas anderes machen. Das letzte Stück des Mosaiks war hier am Berg der *Vinschger Bauernladen*, der durch den Tourismus lebt, durch das Schloss, den Namen deines Vaters und seine Bekanntheit. Das zieht an und erlaubt einen einmaligen Umsatz, das ist unglaublich! Der Hügel wird bewirtschaftet, was man ja sieht, und man kann das kaufen, was er gibt. Und genau das war die Grundidee deines Vaters: hoch zu veredeln und damit die Berechtigung zu erhalten, dass man hier leben kann. Denn wir erzeugen mit hohen Kosten, wie zum Beispiel beim Personal, können aber durch die Belebtheit des Hügels profitieren, indem der Wein bekannter wird. Jeder muss da seinen eigenen Weg finden, der *Schlosswirt* muss es auf eine andere Art und Weise machen als wir. Was im *Bauernladen* verwirklicht wird, ist die gradlinige Fortsetzung von dem, was hier oben passiert. Denn die meisten Bauern, die dort verkaufen, produzieren unter ähnlichen Bedingungen wie wir, mit ziemlich hohen Spesen. Es sind ganz kleine Betriebe, die keinen Bestand hätten, wenn sie an einen Supermarkt verkaufen würden. Dann müssten sie vom Preis her so viel nachgeben, dass sie davon nicht leben könnten und es mehr Sinn machen würde, die Äpfel oder Trauben an eine Obstgenossenschaft zu liefern. Trotz teurer Qualitätsprodukte funktioniert es, weil es diese Sehnsucht nach Handgemachtem, Ursprünglichem gibt. Wir haben Glück, dass im Moment viele Leute nach Produkten mit regionalem Bezug und hochwertigen Erzeugnissen

suchen. Und dass es immer noch genug Leute gibt, die ihr Geld dafür ausgeben können. Ich glaube, dass dieses erfolgreiche Hand in Hand von Tourismus und Landwirtschaft bei uns sehr gut gelebt wird. Es wirkt alles zusammen.

Abschließend die letzte Frage: Fühlst du dich als Juvaler? Bist du hier Zuhause?

Nein. (*lacht*) Ich bin aber auch kein Berliner mehr, fühle mich nicht mehr als Deutscher. Ich merke zwar, dass ich eher so denke, dass ich so an Sachen herangehe, analysiere, reagiere – da ist mir manchmal die Art, Dinge oder Probleme zu lösen, hier in Südtirol fremd. Aber das sind dann halt die Unterschiede, von daher merke ich, dass ich auch nicht wirklich sagen kann, dass ich Südtiroler bin. Ich lebe hier sehr, sehr, sehr gerne und ich möchte von hier auch nicht mehr weggehen. Gisela und ich haben die Entscheidung getroffen, dass wir, wenn es auf Unterortl

mal zu Ende sein wird für uns, dennoch in der Gegend bleiben wollen. Aber Juvaler … Was oder wer ist Juvaler? Im Endeffekt ist es ja so, dass dieser Hügel immer Leute angezogen hat. So viele Leute haben hier ihr Vermögen gelassen und gearbeitet, es muss sie irgendetwas fasziniert haben. Das, glaube ich, ist eine Gemeinsamkeit.

Eine Verbundenheit?

Wenn die Verbundenheit die Faszination ist, ja, dann bin ich Juvaler. (*lacht*)

Oben ~ Seit über 20 Jahren sind Martin und Gisela Aurich Pächter des Unterortlhofs: Sie haben das Weingut praktisch aufgebaut, zum Florieren gebracht und sorgen dafür, dass dies so bleibt.

EIN ERFOLGSMODELL: QUALITÄTSPRODUKTE DIREKT VOM BAUERNHOF

Der Vinschger Bauernladen am Fuße des Juvaler Hügels

Der *Vinschger Bauernladen* ist der erste und einzige seiner Art in ganz Südtirol. Und leider einer der wenigen – wenn man sich in den Nachbarländern Deutschland und Österreich umsieht –, der auch praktisch und wirtschaftlich funktioniert. Obwohl in Europa ein immer breiter werdendes Bewusstsein für regionale, bäuerliche und handwerklich hergestellte Qualitätsprodukte existiert. Doch auch der *Vinschger Bauernladen* steht und fällt mit dem Tourismus: Eine Erhebung bestätigt, dass sich »der Laden nie – nie! – von den Einheimischen allein tragen ließe«, erzählt Martin Aurich, »dazu ist der Vinschgau viel zu dünn besiedelt, der Kreis der potenziellen Kunden viel zu klein«. Um auch die einheimische Kundschaft zufrie-denzustellen, ist der Laden ganzjährig geöffnet.

»Wir wollen dem Image eines reinen Touristenladens, der nur für Gäste da ist, etwas entgegensetzen. Und wir haben Stammkunden, die gerne den Speck und Käse und auch einmal ein ›Flaschl‹ Wein bei uns holen – wir wollen auch für die ›Stadtler‹, wie man so schön sagt, da sein«, erklärt Sonja Klim, die Ge-schäftsführerin und »gute Seele« des *Vinschger Bauernladens*. Die zierliche Vinschgerin – ihr lebhafter Dialekt ist unverkennbar; wenn sie allerdings von ihren Kunden erzählt, verfällt sie sogleich ins Hochdeut-sche – kann anpacken, ist voller Engagement und Begeisterung. Dass sie einen kleinen Sohn hat, erwähnt sie nebenbei. Diese junge Frau schaukelt einiges, scheinbar mühelos. Lachend erzählt sie, dass sie sich an die Trägheit einer Genossenschaft, im Unterschied zur schnellen Entscheidungsmöglichkeit eines Handelsbetriebes, erst gewöhnen musste, mittlerweile aber einen Vorteil darin sieht, wenn viele Leute mitdenken. Zudem wisse man irgendwann ja auch, wie die zehn Vorstandsmitglieder, die es zu überzeugen gilt, ticken würden.

Der *Vinschger Bauernladen* funktioniert nach dem Genossenschaftsprinzip. Das bedeutet, dass alle Bauern, die hier ihre Produkte im selbstbestimmten Direktverkauf dem Endkonsumenten anbieten, Mitglieder der genossenschaftlichen Struktur sein müssen. Jeder bäuerliche Produzent steht persönlich hinter seinem Produkt und sein Erfolg sichert ihm die Lebensgrundlage. Denn die Gewinne, die dabei entstehen, werden den Erzeugern abzüglich der Selbstkosten ausbezahlt. Ein einmaliges Konzept! »Der klassische Handel basiert aufgrund seines Zwischenhändlersystems auf einer völlig anderen Verhandlungsbasis, denn bei uns stehen die Bauern im Vordergrund: Man versucht, den besten Preis für sie festzulegen, letztendlich sollen ja sie etwas davon haben und zufrieden sein. Und zusammen erreicht man viel mehr, das ist der Grundgedanke hinter dem Ganzen: dass eine zentrale, gemeinsame Vermarktung große Vorteile mit sich bringt. Ich glaube wirklich, dass dieser Genossenschaftssinn für die bäuerlichen Produkte das Richtige ist, in Form und Zweck.«

Den Erfolg dieses Konzeptes spiegeln auch die Mitgliedszahlen wider: Aus den anfänglichen acht wurden mit der Eröffnung des Bauernladens im Jahr 2005 bereits 25, heute sind es über 100. Ein mächtiger Zuwachs! Noch immer bewerben sich regelmäßig Bauern um die Mitgliedschaft – Aufnahmekriterien sind die Güte der Produkte sowie die Eigenschaften der Betriebe –, doch ist mittlerweile der Platz auf den Lager- und Regalflächen, trotz eines Erweiterungsanbaus des Magazins, so eng, dass Mitglieder nur aufgenommen werden können, wenn sie dazu beitragen, die Produktpalette des Ladens mit noch nicht Vertretenem zu erweitern. So wurde für bestimmte Produkte, wie letztens beispielsweise Destillate, ein Aufnahmestopp vereinbart. Bei ausgefallenen Neuheiten hingegen kann es auch passieren, dass die Genossenschaft direkt bei innovativen Erzeugern anfragt – wie es kürzlich geschah, als das erste Bauernhofeis produziert wurde.

Das gesamte Angebot umfasst derzeit über 800 verschiedene Produkte, die ausschließlich von Bauern hergestellt werden – und reicht von frischem Obst sowie Gemüse der Saison, Speck, Käse und Brot bis hin zu veredelten Erzeugnissen wie Marmeladen, Honig, Säften, Sirup, Kräutern, Kosmetika, Schokoladen, getrockneten Früchten,

Senf, Wein und Destillaten. »Die Bauern haben viele Ideen, da gibt es tolle Sachen«, erzählt Sonja Klim, und weiter: »Logisch, die Umsetzung ist oft etwas anderes: Die ganzen Auflagen, die erfüllt werden müssen, lassen viele schon aus dem Boot herausspringen, bevor es überhaupt ablegt. Ich meine, dass man bestimmte Richtlinien einhalten muss, das ist schon klar, aber ob da jetzt auf einem Etikett Schriftgröße zehn oder zwölf verwendet wird, das sollte doch nichts zur Sache tun. Leider höre ich deshalb auch immer wieder: ›Der Aufwand ist es einfach nicht wert, das bringt nichts!‹ Und das ist ein Jammer.«

Die Idee zu einem solchen Bauernladen entstand vor über einem Jahrzehnt, als eine kleine Gruppe Begeisterter, fasziniert von der Vielseitigkeit der uralten Vinschger Kulturlandschaft, überzeugt davon war, dass man diese einzigartigen Produkte vereinen und eine Vermarktungs- sowie Vertriebsplattform für die Bauern der Umgebung schaffen müsse. Die Suche nach dem geeigneten Standort aber gestaltete sich schwieriger als gedacht. Ursprünglich wollte man mit der heutigen Obstgenossenschaft Juval kooperieren, doch die Genossen empfanden das wohl als Konkurrenz, arbeiteten vehement dagegen. Martin Aurich, der zu diesem Zeitpunkt bereits Teil der Ideatorengruppe – die aus einem Verwaltungsfachmann, einem Bauingenieur, einer Idealistin und mehreren Direktvermarktern bestand – war, erinnert sich: »Das ist nicht schön gewesen. Neid ist ja manchmal eine Eigenschaft, die im bäuerlichen Umfeld sehr stark sein kann.« Es ist ein Glück, dass sich die Initiatoren weder davon noch von ähnlichen Projekten in Deutschland und Österreich abschrecken ließen, die bis über beide Ohren in Schulden steckten, weshalb die Bauern irgendwann absprangen und deren Verwaltungsfunktionäre den Südtiroler Besuchern sagten: »Wir raten Ihnen nur eines, nämlich dringlichst davon ab!«

Der weitere Entwicklungsverlauf ist eigentlich Martin Aurich zu verdanken: »Reinhold hat mir schon vorher mehrmals gesagt: ›Mach du doch da unten auf dem Parkplatz etwas, verkaufe deinen Wein.‹ Aber ich habe das immer abgelehnt, weil es sich nicht lohnte. Doch er hat mich immer weiter angestupst. Oh ja, und wie, das kann er«, sagt Martin und lacht amüsiert dabei. So kam es, dass Martin die beiden Interessensparteien – die Genossenschaft und Reinhold Messner – miteinander verband, man sich schnell einig wurde und der *Vinschger Bauernladen* endlich seinen Standort fand: am Fuße des Juvaler Hügels. Messner hatte eine Fläche, direkt neben der Hauptstraße des Tales an der Einfahrt Juvals, gekauft – die vom Staudammbau übrig gebliebenen Baracken sollten verschwinden, ein Parkplatz sowie der Bauernladen entstehen und der Schandfleck damit endlich aufgeräumt werden.

Links ~ 800 verschiedene Produkte, die ausschließlich von Bauern hergestellt werden, sind im *Vinschger Bauernladen* erhältlich. Von frischem Obst sowie Gemüse der Saison, Speck, Käse, Wein, Destillaten und Brot bis hin zu Marmeladen, Honig, Säften, Schokoladen, getrockneten Früchten, Senf, Kräutern und Kosmetika.

Seite 76 und 77 ~ Da die Verkaufs- und Lagerflächen bereits zu klein sind, müssen Neumitglieder bzw. -produzenten mit besonders innovativen Produktideen aufwarten.

Reinhold Messner hat dabei nicht nur das Oberflächenrecht der Genossenschaft überlassen, sondern fungierte zudem als Hauptinvestor. »Dank ihm und EU-Förderungen hatten wir das unwahrscheinliche Glück, den Laden starten zu können, während die Struktur (also Gebäude, Parkplätze, Lagerflächen …) schon bezahlt war. Die Bauern, die dort verkaufen, müssen daher nichts abbezahlen. Reinhold hat investiert – auch wenn er damit kein Geld verdient –, aber das ganze Umfeld ist aufgewertet worden: Es ist schön und aufgeräumt und es ist auch attraktiv, denn so entsteht eine Wechselwirkung am Hügel, es ist ein Zusatznutzen.« Und das lässt sich an jedem x-beliebigen Tag im Frühling oder Herbst, wenn das *MMM Juval* der Öffentlichkeit zugänglich ist, beobachten: Fast jeder Museumsbesucher schaut in den Laden, trinkt oder isst und kauft sogar eine Kleinigkeit, während er auf den Shuttlebus wartet.

Mittwochs, am Ruhetag des Schlosses, brummt der Laden gerade deshalb: »Frustshoppen« nennt Sonja dieses Phänomen und schmunzelt dabei zufrieden. Auch schauen manche, wenn sie auf der Heimfahrt oder Durchreise daran vorbeifahren, spontan herein, viele kommen regelmäßig über Jahre hinweg ganz gezielt vorbei.

»Manchmal ist das gar nicht so einfach, denn es kommt vor, dass Stammkunden irritiert sind, weil die Marmelade im letzten Jahr etwas anders schmeckte. Für uns ist es logisch, dass ein hausgemachtes, bäuerliches Produkt nicht immer gleich sein kann, denn es hängt schon allein stark von der Frucht ab, wie die Konfitüre sein wird – das ist ja gerade der Unterschied zu industriell gefertigten und genormten Produkten. Aber man muss die Menschen nur dafür sensibilisieren, dann ist viel Verständnis da«, berichtet Sonja.

Die Kombination aus Standort – Reinhold Messner als Werbeträger, Schloss Juval als Anziehungspunkt sowie optimale Voraussetzungen, was die Erreichbarkeit und das Parken anbelangt –, der soliden Finanzierung des Ganzen und der hohen Qualität der handwerklich hergestellten Produkte sorgten und sorgen für eine Erfolgsgeschichte. Wider aller Voraussagen. Damit das so bleibt, sind die Mitglieder stets bemüht, sich Neues einfallen zu lassen, auch offen für Neues zu sein – wie der kürzlich ins Leben gerufene Onlineshop beweist. Und es ist nun sogar so weit, dass in verschiedenen anderen Landesteilen Interesse am Bau solcher Strukturen besteht – nach dem Vorbild des *Vinschger Bauernladens*.

Das Yak & Yeti in Sulden am Ortler

Sulden, ein kleines, fast 2.000 Meter hoch gelegenes Bergdorf in einem Nebental des Vinschgaus, ist das ganze Jahr über von eis- und schneebedeckten Gipfeln umgeben. Dies ist nicht nur der ideale Ort für Messners Eismuseum, das *MMM Ortles* und seine Frühstückspension *Messner Mountain Biwak*, sondern auch für seine Yakherde, die sich in dieser Höhe regelrecht heimisch fühlt. Hier hat Reinhold Messner einen 400 Jahre alten Bauernhof mitsamt Weideflächen gekauft, renoviert und das *Yak & Yeti* ins Leben gerufen. Hannes Bacher, ein junger Südtiroler Koch, bewirtschaftet seit dem Sommer 2013 zusammen mit seiner Freundin und Freunden diesen Hof, einen der höchsten des Landes, mitsamt Gastronomie.

Hannes sind das selbstständige Arbeiten und seine Freiheit sehr wichtig. Schon früh, mit 17 Jahren, stand er auf eigenen Füßen, finanzierte sein Leben selbst. Um das machen zu können, schmiss er die Schule und ließ sich zum Koch ausbilden. Auch konnte er dadurch immer wieder bis zu einem halben Jahr lang unterwegs sein, die Welt bereisen. Unzählige Male war er, in erster Linie in Asien, allein mit seinem Rucksack unterwegs. Mit der Lebenseinstellung der dortigen Bewohner kann er sich besser identifizieren als mit jener seiner Landsleute, dennoch kam er immer wieder hierher zurück. Südtirol sei für ihn ein wun-

derschönes Land, einzig die Grundeinstellung der Menschen mache ihm zu schaffen, vor allem das »engstirnige Verbohrtsein« mancher. Das *Yak & Yeti* bezeichnet er daher als seinen letzten Anlauf in seinem Heimatland und erzählt im Folgenden von seinen Startschwierigkeiten, dem Buschenschank-Konzept und seinen Zukunftsplänen.

Magdalena Messner: Hannes, waren ein eigener Bauernhof mitsamt Gastwirtschaft schon immer ein Wunsch von dir? Oder wie bist du dazu gekommen?

Hannes Bacher: Das ist ganz zufällig gewesen. Ich habe im Winter in Sulden als Koch im *Hotel Marlet* und *Nives* gearbeitet. Nachdem ich den Posten als Chefkoch abgelehnt habe, waren alle erstaunt und fragten, was ich denn dann eigentlich wolle? Da erzählte ich, dass ich schon seit eineinhalb Jahren auf der Suche nach einer Hofschenke oder einem Buschenschank war – um mit natürlichen Produkten arbeiten und gewisse, industriegefertigte Produktlinien völlig umgehen zu können. Und so bin ich ganz spontan zum *Yak & Yeti* gekommen.

Reinhold suchte genau zu diesem Zeitpunkt einen neuen Pächter für seinen Hof und das *Yak & Yeti* in Sulden?

Genau. Ein Riesenglück! Ich habe mir alles angesehen und fand das Haus super, es bietet mir die Möglichkeit, so zu arbeiten wie ich es will. Durch die Yaks gibt es hofeigenes Fleisch, auch

Oben ~ Hannes Bacher führt zusammen mit seiner Freundin Manu das *Yak & Yeti*. Zu tun ist immer etwas: ob in der Küche, im Service oder bei diversen Arbeiten am Bauernhof.

Rechts ~ Die Gasträume und Stuben im *Yak & Yeti* haben eine ganz eigene, gemütliche Atmosphäre und bestechen durch ihre einzigartige Mischung antiquarischer Tiroler Bauernmöbeln mit ausgewählten Tibetika.

Duroc-Schweine halten wir. Schon jetzt haben wir ausschließlich hausgemachte Säfte, Coca-Cola bieten wir nicht an. Auch die Tees sind selbst gepflückt, die Kräuter werden von uns zusammengetragen. Ich möchte darauf hinarbeiten, dass wir alles selbst anbauen und züchten, dass fast alle Produkte von hier oder von Bauern aus der Umgebung kommen. Eigentlich das typische Prinzip einer Hofschenke: Das *Yak & Yeti* soll als solche etabliert werden, nicht als Restaurant im klassischen Sinne – mit einer kleinen, immer wechselnden Karte, einfach belassenen Erzeugnissen und beim Produkt selbst bleibend.

Wie kann man sich den Eigenanbau vorstellen?

Man muss natürlich abwägen, was in dieser Höhe sinnvoll ist. Gemüseanbau macht hier keinen Sinn. Deshalb werde ich nächstes Jahr auf einen Acker in Prad ausweichen – Prad befindet sich in der Nähe, liegt aber 1.000 Meter tiefer als Sulden. Damit bieten sich völlig andere Möglichkeiten. So kann ich die

Grundprodukte, wie Zwiebeln und Kartoffeln, selbst pflanzen und ernten. Das Einzige, was in Sulden funktionieren könnte, wäre der Anbau von Minze. Die wuchert hier regelrecht. Salat im Sommer sowie Kräuter gedeihen ebenso.

Das ist also das Zukunftsprojekt?

Ja, aber da gibt es noch eine andere Idee! Da die Yakzucht etwas ganz Besonderes ist und es auch sehr interessant ist, das Yakfleisch zu verarbeiten, möchte ich hier irgendwann einen kleinen Hofladen einrichten. Ausschließlich mit Yakprodukten. Wo es beispielsweise Kaminwurzen vom Yak geben soll, eigenen Speck usw. Nur ist das noch ein langer Weg.

Die Yaks sind die Hauptanziehungskraft des Hofes: Die Rinderart aus dem Himalaja ist in unseren Breiten ja ein ungewöhnliches Tier. Wie kommst du damit zurecht?

Sie sind nicht kompliziert, absolut nicht. Auch wenn sie ein wenig verwildert sind. Das möchte ich ändern, indem ich die Jungen so aufziehe, dass sie einen besseren Kontakt zu uns Menschen haben, zugänglicher, zutraulicher werden. Es sind ganz eigene Tiere, das muss man schon sagen.

Die Sommermonate verbringt die Herde unter den Gletschern der Königsspitze, die Skipisten dienen dann als Alm- und Weideflächen. Eine Art Halbnomaden-Haltung, wobei Reinhold die Yaks jährlich selbst hinauftreibt – der Yakauftrieb ist mittlerweile ein fixer Termin. Es ist faszinierend, dass die Tiere den nahenden Wintereinbruch Jahr für Jahr »riechen« und vor dem ersten Schneefall alleine zurück ins Dorf kommen.
Ja, da sind sie genial – auch wenn sie die Suldner in den ersten Jahren ganz schön erschreckt haben müssen. (lacht) Mittlerweile warten immer alle auf die Winterboten. Die Yaks sind optimal als Tiere: Man muss nicht ständig schauen, nicht mal bei der Geburt – das machen sie alles eigenständig. Sie sind auch nicht überzüchtet, das ist wichtig, denn bei einer herkömmlichen Kuh musst du beim Kälbern immer dabei sein. Die Yaks regeln das alles alleine. Das ist einfach schön und passt gut zu unserem Konzept.

Wie groß ist denn die Herde im Moment?
Gerade sind es 22 Tiere. Es wird aber wieder geschlachtet, damit ich genügend Fleisch für die Saison habe. Leider ist ja die Hofschlachtung verboten. Da gibt es strenge EU-Normen und deshalb ist da nichts zu machen, das muss alles über den Schlachthof ablaufen.

Aber du kannst das Fleisch dann sofort selbst verarbeiten?
Ja, das funktioniert eigentlich ganz gut. Ich lasse es lediglich schlachten und aushängen und greife dann bereits selbst ein, indem ich das Fleisch sortiere und festlege, was ich für was verwenden möchte. Das ist einerseits eine Kostenfrage, andererseits aber auch spannend selbst zu machen. Der Metzger hat nämlich seinen festen Ablauf, ich hingegen habe so meine Freiheiten. Auch möchte ich nirgendwo Pökelsalz drin haben, das ist weder gut noch gesund. Es macht einfach nur schön rot und verlängert die Haltbarkeit, aber es ist ein Blödsinn.

Und wie geht's dir mit der Zubereitung des Yakfleischs?
Sehr gut, denn kochen kann ich und dann ist das nicht problematisch. (lacht) Es hat einen eigenen, würzig feinen Geschmack, ist sehr gesund, weil cholesterinarm, aber ähnlich zuzubereiten wie jedes andere Fleisch auch. Wenn du ein gutes Produkt hast, dann ist die Verarbeitung und Veredelung automatisch leichter.

Und dadurch, dass die Tiere immer im Freien sind, genug Auslauf haben, ist unser Naturfleisch ausgezeichnet.

Wie siehst du das: Sind die Yaks der Hauptgrund für das Kommen der Gäste oder hat auch das Museum einen Anteil daran?
Ich denke, das hängt schon alles zusammen.

Eine Symbiose?
Ja, auf jeden Fall: Reinhold ist ein guter und starker Werbeträger und das Museum zieht viele Besucher an, die dann den Hof und damit die Yaks sehen und das Fleisch probieren wollen. Es ist zwar noch nicht möglich, dass wir alle Produkte selbst anbieten, dafür sind wir einfach erst zu kurz hier, aber ich arbeite darauf hin. Es braucht sicher drei Jahre, bis das optimal läuft.

Eigenprodukte sind dir sehr wichtig, aber du hattest noch nicht viel Anlaufzeit. Kannst du dennoch sagen, wie viel Prozent du zukaufen musst?
Das ist schwierig zu sagen. Also heuer musste ich mal einen ganzen Yak dazukaufen, aber jetzt können wir ja selbst schlachten lassen. Ich würde sagen, sicherlich die Hälfte decken wir mit Südtiroler bäuerlichen Produkten ab, die andere Hälfte müssen wir momentan noch dazukaufen. Mein Ziel ist es, die Zukäufe immer weiter zu verringern, auch wenn dieses Vorhaben einen großen Aufwand darstellt.

Du bist ja noch nicht lange in Sulden. Wie war dein Start?
Mühsam. Den ersten Monat über waren wir nur mit Aufräumen und Putzen beschäftigt. Aber eigentlich war die größte Schwierigkeit die landwirtschaftliche Anmeldung des Betriebes. Damit war ich von Juni bis November beschäftigt!

Warum denn das?
Weil manche fanden, das sei zu viel Gastronomie für eine Landwirtschaft, das gehe nicht. Zum Glück habe ich aber den Vorteil gehabt, dass der Reinhold unabhängig davon noch ein Stück Wiese dazugekauft hat: Die Yaks benötigen eine große Auslauffläche, im Moment sind es zehn Hektar. Somit kann ich diese

Rechts ~ Das idyllische Bergdorf Sulden, am Ende eines kleinen Seitentales im Vinschgau gelegen, ist sowohl im Sommer als auch Winter ein beliebter Urlaubsort. Unterkommen kann man unter anderem im wohl luxuriösesten Biwak der Welt, dem *Messner Mountain Biwak.*

Fläche in Zukunft mähen und habe auch selbst Heu. Dennoch ist es schwierig, da in erster Linie bäuerliche Familien gefördert werden und nicht irgendjemand, der sagt, er möchte nun Bauer sein. Ich habe alles versucht, am Ende herumgestritten. Das war nervenaufreibend. Nun sind wir jedoch soweit in Ordnung und auf einem guten Weg, müssen nicht mehr mit dieser Ungewissheit leben, dass nichts daraus werden wird – rein formal gesehen ist alles geregelt.

Dieser Widerstand gegen Neues oder Ungewöhnliches ist typisch für Südtirol. Reinhold hatte immer wieder damit zu kämpfen …
Das kann ich mir nur zu gut vorstellen …

Wenn wir bei Reinhold bleiben: Wie empfindest du die Zusammenarbeit?
Als angenehm, da ich eigentlich alle Freiheiten habe. Ich glaube, ihm ist wichtig, dass es gut läuft, dass der Hof und die Tiere gepflegt werden, dass die Leute gut essen. Dann ist er zufrieden. Wir diskutieren über viele Sachen. Er ist ja daran interessiert, das Haus besser zu machen, sodass es langfristig funktioniert. Er muss natürlich sehen, dass jemand da ist, der auch da bleibt und sich kümmert. Aber dass wir etwas tun wollen, zeigen wir.

Zum besseren Verständnis: Ihr führt das *Yak & Yeti* zu zweit und mithilfe von zwei Mitarbeitern?
Richtig. Und um das *Yak & Yeti* inklusive Landwirtschaft übernehmen zu dürfen, mussten wir eine Gesellschaft gründen, weil wir keine Familie sind. Denn eine Hofschenke wird in Südtirol üblicherweise als Familienbetrieb geführt.

Wie habt ihr das geregelt: Gibt es fix aufgeteilte Aufgabenfelder zwischen euch?
Nein, das ist eigentlich alles gemischt, bis auf meine Hauptaufgaben: die Organisation und die Küche – das Standbein des Betriebes sozusagen, denn wenn nicht gut gekocht wird, dann funktioniert gar nichts. Alle anderen müssen flexibel sein. Wenn zum Beispiel im Service nicht viel los ist, dann ist immer etwas in der Landwirtschaft zu tun. Ob nun ein Zaun gemacht oder das Holz geschlagen werden muss, die Tiere sind jeden Tag zu versorgen, es muss nach den Hühnern und Eiern gesehen werden und vieles mehr. Auch wollen wir in Zukunft vermehrt mit Holz heizen, um die Energiekosten zu senken. Dadurch kommt beträchtliche Arbeit im Wald hinzu. Wichtig ist in diesem kleinen Betrieb, dass die vier Leute, die hier sind, zusammenarbeiten; dass sie bei ruhigen Zeiten nicht nur herumsitzen, sondern zupacken und Interesse haben, etwas weiterzubringen.

Und sich auch mit dem Hof und dem Konzept identifizieren.
Genau, wir wohnen und leben hier ja auch zusammen, dann sollte das schon jeder so sehen. Aber es ist Potenzial da. Ich denke, wir werden es schaffen, keine roten Zahlen zu schreiben. Das ist mal die Basis und dann kann es nur besser werden. Schritt für Schritt. Doch es ist immer etwas zu machen – auch von Reinholds Seite aus. Denn das Haus ist alt und nicht isoliert, hinter der Holztäfelung ist nur Papier. Bei den Fenstern hat es auch hereingezogen, wenigstens das haben wir behoben. Nun müssten hinter dem Getäfle Isolierplatten angebracht werden. Ich als Pächter kann diese Investitionen nicht tätigen, doch hier habe ich Reinholds volle Unterstützung. Darüber bin ich froh.

War es für dich ein glücklicher Zufall, dass Reinhold ebenfalls eine in diese Richtung weisende Vorstellung für das *Yak & Yeti* hat? War das mit ausschlaggebend, dass du dich dafür entschieden hast?
Es ist einfach im richtigen Moment auf mich zugekommen: Ich habe ja schon länger gesucht und das Konzept hat mir gefallen. Ich habe es zwar ein wenig abgewandelt, weil ich kein nepalesischer Koch bin, aber ich arbeite mit den Yakprodukten, mache halt Yakravioli und nicht Yakmomos daraus. Diese Freiheit ist mir bisher gelassen worden und so lange das so ist, bin ich glücklich.

Links – Messners Hofstelle und sein Eismuseum (*MMM Ortles*) liegen direkt am Fuße des Ortlers. Der fast 4.000 Meter hohe Berg ist die höchste Erhebung Tirols.

BERGBAUERN HEUTE: NACHHALTIGES SELBSTVERSORGERTUM IN SÜDTIROL

Die Saxalber, die Finailer und die Löwen

Ursprünglich hatten alle Bauern nur ein Ziel: Mit ihren Hoferzeugnissen ihre Familie selbst zu versorgen – daher der Begriff Selbstversorger –, also genügend anzubauen, um davon leben zu können. Und damit nicht nur das eigene Überleben zu sichern, sondern auch das des Hofes und der nächsten Generation. Dass dieses Selbsterhaltungsmodell schützenswert ist, hat Kaiserin Maria Theresia früh erkannt. Mit dem Theresianischen Patent legte sie im Jahr 1770 unter anderem die Unteilbarkeit eines landwirtschaftlichen Gutes fest: Ein geschlossener Hof durfte fortan nur noch von einem Erben übernommen werden – wodurch die Zerstückelung des Bodens vermieden und sichergestellt wurde, dass der Besitz groß genug blieb, um mindestens eine Familie zu ernähren. Das Südtiroler Höfegesetz stützt sich nach wie vor darauf. Deshalb gibt es auch heute noch zahlreiche Beispiele nachhaltigen Berglandwirtschaftens. Gerade in Südtirol.

Die folgenden drei Porträts verschiedener Modelle geben einen Einblick in die Vielseitigkeit des modernen Selbstversorgertums: von einer nahezu mittelalterlichen Lebensweise, einer Kombination aus traditioneller Landwirtschaft und Tourismus bis hin zur exquisiten, kreativen Veredelung regionaler Bauernprodukte. Die drei Familien und die dazugehörigen Höfe sind willkürlich ausgewählt, einzig die Tatsache, dass

sie sich im weiteren Umkreis von Juval – und damit den Bergbauernhöfen Reinhold Messners – befinden, eint sie. Genauso die Tatsache, dass diese historischen Hofstellen von Menschen am Leben erhalten werden, die nicht aufgeben, die sich durchbeißen. Die zeigen, wie wichtig es ist, Nischen zu besetzen und Neues auszuprobieren, um Altes erhalten zu können. Und wie viel Mut und Einsatz, auch Zähigkeit, Durchhaltevermögen und Leidenschaft es dazu braucht.

Von Juval aus ist er zu sehen: der Saxalbhof. Ein Einödhof mit steilen Wiesenhängen auf 1.363 Metern Meereshöhe, 400 Meter über dem Schnalser Talboden gelegen. Die nächsten Nachbarn sind in einer Stunde Fußmarsch zu erreichen, das nächste Dorf in zwei – der Weg ist im Winter oft vereist und lawinengefährdet. Besonders in der kalten Jahreszeit, wenn alles tief verschneit ist, erscheint der Hof noch einsamer und abgeschnittener von der Welt zu sein, als er ohnehin ist. Diese Abgeschiedenheit war einst für alle Bergbauern die Regel. Sie waren völlig auf sich allein gestellt. Ihr Leben spielte sich in ihrem eigenen Haus, auf ihren eigenen Feldern und Wäldern ab. Kontakt zu anderen Familien gab es meist lediglich bei Festlichkeiten im Dorf oder wenn Hilfe benötigt wurde. Jede Familie, jeder Hof eine autarke Welt für sich. Heute leben nur noch wenige Bergbewohner so zurückgezogen. Auch weil nahezu alle Höfe mit Zufahrtswegen erschlossen sind.

Hermann Müller, der »Saxalber«, wuchs als eines von zehn Kindern auf dem Saxalbhof auf, hat sein ganzes Leben hier heroben verbracht. Doch die Arbeit fiel ihm immer schwerer, je älter er wurde. Er hatte weder einen Telefonanschluss noch eine Dusche oder Badewanne, lediglich ein Plumpsklo existierte. Strom aus dem eigenen Elektrizitätswerk gab es nur, wenn das Wasser nicht zum Bewässern benötigt wurde. Der Hochalmhof war alleine nicht mehr zu bewirtschaften und vom Verfall bedroht. Und die Leute im Tal waren sich einig, dass Saxalb eher früher als später sich selbst überlassen werden würde. Notgedrungen, weil außer Hermann niemand mehr da war – auch wenn in seiner Kindheit neben seinen neun Geschwistern, seinen Eltern und Großeltern drei Knechte und eine Magd auf dem Hof lebten.

2007 aber tauchte aus heiterem Himmel ein junges Paar auf, das seinen Hof pachten wollte: Es waren Fortunat Gurschler, ein Schnalser, der 14 Sommer lang als Hirte die 2.000 Schafe des Tales auf die Almgründe im benachbarten Ötztal begleitet hatte, und seine Le

Oben ~ Der Saxalbhof liegt am Anfang des Schnalstales und ist bislang mit keiner Zufahrtsstraße versehen - eine seltene Ausnahme unter den Bergbauernhöfen in Südtirol.

bensgefährtin, die aus Bayern stammende Katrin, die Altamerikanistik in Berlin studiert hatte. Hermann, völlig überrascht und froh, dass die Geschichte Saxalbs weitergehen würde, schenkte den beiden seinen Heimathof unter der Bedingung, bleiben zu dürfen.

Fortunat, Katrin und die Kinder bringen seither neues Leben in die mittelalterliche Hofstelle, die im 14. Jahrhundert erstmals urkundlich erwähnt wurde. Eine bewundernswerte, mutige Entscheidung, denn der abgeschiedene Bergbauernhof ist nur mit einer Seilbahn erschlossen, eine Zufahrtsstraße gibt es nicht. Bislang nicht, die Straße wird gerade gebaut. Zwei Millionen Euro wurden dafür veranschlagt, ohne die Absicherungsarbeiten zu berücksichtigen, die in dem abrutschgefährdeten Gebiet anfallen werden. Die Erschließung der Bergbauernhöfe ist wichtig. Um das beschwerliche Leben in der Höhe etwas zu erleichtern und um die Kulturlandschaft zu erhalten – nur so können die Bergbauern sie pflegen, nur so müssen sie ihre Höfe nicht verlassen. Das Leben der Hofbewohner in dieser extremen Berglage wird sich mit der leichteren Erreichbarkeit einschneidend verändern. Ob sie wollen oder nicht.

Verlässt man das Schnalstal und fährt rund zehn Kilometer südlich von Meran eine Serpentinenstraße hinauf, gelangt man in das kleine Bergdorf Tisens. Mitten im Dorf befindet sich das Hofrestaurant »Zum Löwen« der Familie Matscher. Als ich dort ankomme, herrscht

dichtes Schneetreiben. Das aber scheint die Restaurantbesucher nicht abzuschrecken, ganz im Gegenteil: Das Sternelokal ist auch zur Mittagszeit gut gefüllt. Während man im Gastraum – einst Stall und Innenhof – auf antiquarischen Bauernholzmöbeln neben antiken Steinmauern unter alten Balkendecken sitzt, lassen die Glasverkleidungen den Blick auf den gegenüberliegenden Holzstadel im Hintergrund frei, vor dem die weißen Flocken tanzen. Ein stimmungsvolles Ambiente.

Der Hof, seit dem 14. Jahrhundert das Dorfgasthaus, wurde nebenbei auch immer landwirtschaftlich genutzt. Bis zur vorhergehenden Generation war das so: Die Eltern von Alois Matscher betrieben die Landwirtschaft, während seine Großmutter das Gasthaus mitsamt Fremdenzimmern führte – »damals gab es im ganzen Haus zwar nur eine Dusche, aber Gäste kamen dennoch«, erinnert sich ihr Enkel.

Seite 88, und oben ~ Obwohl heute Maschinen und Zufahrtswege das bäuerliche Leben erleichtern, sind manche Arbeiten nach wie vor beschwerlich geblieben – weil manche Wiesen einfach zu steil sind, Technik hin oder her.

Als sie starb, ließ man es geschlossen. Zu diesem Zeitpunkt waren Alois, der in der Bank arbeitete, und Anna, die als Masseurin tätig war, bereits verheiratet. Anna, die hobbymäßig gerne kochte, machte sich Gedanken und fragte ihren Mann: »Wie wäre es denn, wenn wir das wieder ein bisschen beleben würden?«, und setzt rückblickend lachend hinzu: »Natürlich nicht wissend, was für Schwierigkeiten damit auf uns zukommen würden. Ein gutes Stück Naivität ist das Um und Auf, denn ansonsten hätten wir das gar nicht erst angefangen!«

Die anfänglichen harten Zeiten aber machten die Quereinsteiger nur stärker: »Die Liebe und Passion zur Gastwirtschaft hat uns einfach weitermachen lassen. Wenn man etwas wirklich will, schafft man unglaublich viel!« Die ersten zwanzig Jahre arbeiteten sie in den beiden alten Gaststuben und einer winzigen Küche. Erst als Alois' Vater gestorben war, wagten sie sich an den Umbau: »Früher hätten wir das nicht machen können oder dürfen – da fuhr mein Schwiegervater ja mit seinem Schlepper immer durch den Innenhof, der war Bauer mit Leib und Seele, hatte bis zum Ende seine Schafe«, erklärt

Anna. »Als wir es veränderten, war es wirklich ein Wow-Effekt. Ich konnte zu Beginn gar nicht glauben, dass das wirklich unser Lokal ist.« Und auch ihr Mann war beruhigt, denn er hatte während des Baus befürchtet, dass der Gastraum mit fünfzig Sitzplätzen zu groß werden und nur angenehm sein würde, wenn das Restaurant voll ist. Diese Sorge war völlig unbegründet: Der Umbau ist so gelungen, dass man sich rundum wohl fühlt. Und dass wenige Tische besetzt sind, kommt nur selten vor – im Gegenteil, wer abends im *Löwen* essen möchte, sollte frühzeitig reservieren. Mit der architektonischen Adaptierung bekam Anna auch eine professionelle Küche: »Das war dringendst notwendig: Ich weiß gar nicht, wie das vorher überhaupt funktioniert hat – wir wussten teils ja nicht einmal mehr, wo wir die Teller zum Anrichten überhaupt hinstellen sollten!«

Oben ~ Elisabeth, Anna und Alois Matscher sorgen zusammen dafür, dass der Ablauf in ihrem Sternerestaurant *Zum Löwen* reibungslos funktioniert. Mit viel Humor und Herzlichkeit.

Alois hat heute noch eine Obstwiese, Anna selbst kümmert sich um einen großen Garten mit Kräutern und Gemüse sowie Kartoffeln. »Da probiere ich immer gerne Neues aus, versuche Interessantes dazuzubekommen, jedes Jahr ein bisschen etwas anderes.« Deshalb trat sie der Gruppe »Vergessene Gemüseschätze« bei, baut bis zu fünfzig verschiedene Tomatensorten an und experimentiert mit Rettichschoten und Minigurken, die hervorragend zum Kalbskopf passen. Sie spezialisierte sich auf Produkte, die man so auf dem Markt nicht kaufen kann. Unter anderem sechs Basilikumsorten und Wildkräuter, verschiedene Thymiansorten, die sich in einer ihrer Thymianpralinen wiederfinden. »Es ist einfach schön, wenn auf jedem Teller etwas Besonderes aus dem Garten dabei ist«, findet Anna. »Ich bin ein sehr flexibler Mensch, der Abwechslung braucht. In meiner Küche ist es deshalb immer interessant, weil es stets etwas Neues, Saisonales zu verwerten gibt, was natürlich auch für den Gast spannend ist – wir haben keine starre Karte, ich verändere sie ständig.« Auch die Rosenstöcke pflegt sie hingebungsvoll und pflanzt jährlich neue Blumen, um die Tischdekoration im Restaurant selbst gestalten zu können.

Den Obstbau aber gaben sie und ihr Mann auf, weil beides – Spitzenrestaurant und Landwirtschaft – einfach zu viel wurde. Dafür wünscht sich Anna nun für diese Saison zusätzlich Erdbeeren, Himbeeren, Marillen und Pfirsiche im Garten. So kommt einiges auf der Karte direkt von ihrem Acker und Anna achtet beim Einkauf darauf, vorwiegend Südtiroler Produkte zu erwerben. Wenn möglich. Für eine Küche auf einem solch hohen Niveau jedoch benötigt sie auch Zutaten, die sie anderweitig beschaffen muss. Das fängt beim Getrei-

Oben ~ Die Leidenschaft für Details scheint der Familie Matscher im Blut zu liegen: Exzellente Menükreationen sowie eine ausgewählte Weinkarte und ein aufmerksamer Service lassen jeden Gast zufrieden vom Tisch aufstehen.

de, bei Mais, Gerste und Reis an und hört beim Fisch auf. Beim Biofleisch ist es hingegen leichter: Lamm und Kitz, Wild, auch Wildhasen oder zwischendurch eine Gams, einen Steinbock gibt es in Südtirol zur Genüge. Von Bauern aus der Umgebung bezieht sie zusätzliches Gemüse, auch Kräuter.

Alois, der sich zum Sommelier ausbilden ließ, setzt in der Weinkarte ebenfalls auf Südtiroler Erzeugnisse. Der Juvaler Wein Martin Aurichs ist beispielsweise auch darunter, so schließt sich der Kreis. »Zahlenmäßig hat unsere Liste keinen übermäßigen Südtirol-Schwerpunkt, im Verkauf aber sehr wohl – wir schenken zu 80 Prozent einheimische Weine aus. Ich befürworte jedoch allgemein eine gesunde Mischung: Wenn zwei Drittel der Produkte von einem selbst sowie den Nachbarn aus der Region stammen und ein Drittel aus Europa kommt, dann funktioniert es. Die Null-Kilometer-Philosophie ist mir zu einseitig, zu extrem. Damit ist man in der Küche stark eingeschränkt und meine Frau würde sich niemals in nur eine Schiene drängen lassen.« Das zeigen auch die drei Karten mit jeweils einem Menüvorschlag: Aus »Kreativ«, »Südtirol« und »Green« dürfen die Gäste nach Herzenslust wählen und mischen.

Anna liebt das Experimentieren mit typisch regionalen Gerichten, ihre Küche besticht durch extravagante, raffinierte Variationen. »Ich mag das Traditionelle so gern. Bei mir leben ja fast schon historische Gerichte wie das Kalbsbries, frittierte Kutteln oder die Blutwurst wieder auf. Das Nächste werden Würstel mit Suppe sein – so wie man sie früher im Gasthaus gegessen hat. Wir haben zum Glück ein so vielschichtiges Publikum, dass ich mir das auch in einer Sterneküche leisten kann«, erklärt sie verschmitzt. Ihr ist dabei wichtig, alles selbst zu machen, die Grundprodukte selbst zu veredeln – niemals käme ihr eine fertig gekaufte Blutwurst auf den Teller. Dieses Bewusstsein vermittelt sie in regelmäßig stattfindenden Kochkursen.

Den Service leitet Elisabeth, die 24 Jahre junge Tochter des Besitzerpaares, unaufgeregt, stets freundlich und zuvorkommend. Dabei sprang sie für ihren Vater ein, der seit zwei Jahren mit schweren gesundheitlichen Problemen zu kämpfen hat, sich aber nicht völlig aus dem Restaurant zurückziehen möchte. Auch wenn sie selbst andere Pläne hatte, unterstützt sie seither den Familienbetrieb. Das war zu Beginn nicht einfach, denn auch wenn sie die perfekte Ausbildung dazu hat, sogar geprüfte Sommelière ist, wollten manche Stammgäste ihre Weinempfehlungen partout nicht akzeptieren, verlangten nach dem Herrn des Hauses. Mittlerweile hat sie sich behauptet. Und ihre Eltern sind dankbar, auch stolz: »Das ist das Allerbeste für meine Genesung – ich kann mich entspannen, da ich weiß, der Betrieb ist in den fähigsten Händen«, sagt ihr Vater. Trotz Alois` Krankheit

lassen sich die drei ihre Fröhlichkeit nicht nehmen, besonders Anna lacht gerne und oft. Sie strahlt eine Stärke und Zuversicht aus, die beeindruckt. Eine Frau, die durchsetzungsstark ist, ohne laut werden zu müssen. Dass auch ihre Energie nicht unendlich ist, merkte sie letztes Jahr, gerade weil es eine harte Zeit war: »Da war ich in der Küche so schwach besetzt, weil sich die richtigen Mitarbeiter partout nicht finden ließen bzw. die fähigen Jungen immer wieder weiterziehen, dass ich nur noch brüllte. Ich schrie in der Küche, obwohl ich so eigentlich überhaupt nicht bin!« Alois ergänzt: »Das war aber auch wirklich extrem: Anna stand schon um neun Uhr morgens in der Küche, um zu sehen, ob die Karotten richtig geschnitten werden, weil sie sich nicht darauf verlassen konnte.« Und Anna bemerkt: »Da entsteht ein ungeheurer Druck, immer funktionieren, immer da sein zu müssen – denn ich kann ja nie einfach mal gehen, nicht einmal kurz. Die ganzen 26 Jahre hatte ich nie das Gefühl, dass ich eine rechte Hand bräuchte, jetzt würde ich mir zwischendurch eine wünschen. Durch die Krankheit meines Mannes, allgemein durch die Krise und eine dubiose Steuerkontrolle waren die letzten Jahre schwierig. So gesehen muss Entlastung her. Wenn zum Beispiel zu Mittag nur wenige Tische besetzt sind, dann würde ich gerne verschwinden, um einfach einmal wandern gehen zu können.«

Der Umstieg vom Dorfgasthaus mit Hausmannskost, wo sich die Bauern zum Kartenspielen trafen, zur hochgelobten, ausgezeichneten Sterneküche, die von Feinschmeckern verschiedenster Nationalitäten geschätzt wird, ist einfach passiert. »Wir sind da hineingewachsen«, sagt Anna. Alois formuliert es so: »Wir wollten das eigentlich nie! Unser Ziel war ein gutbürgerliches Gasthaus.« »Und das haben wir übersprungen«, fällt ihm seine Frau schmunzelnd ins Wort. »Das stimmt. Es klingt blöd, aber das haben wir unwissentlich ausgelassen. Überhaupt planen wir erst in den letzten Jahren etwas gezielter, vorher haben wir immer alle Entscheidungen aus dem Bauch heraus getroffen. Ein Konzept im klassischen Sinn hatten wir nie.« Vielleicht ist gerade diese Lockerheit ihr Schlüssel zum Erfolg, der den beiden übrigens nicht zu Kopf gestiegen ist. Sie sind bescheiden geblieben, auch das macht sie sympathisch. Solange sie es gesundheitlich schaffen, wollen sie so weitermachen. »Wir sind beide schon über

Links ~ Das Hofgebäude aus dem 14. Jahrhundert wurde von Anna und Alois Matscher behutsam renoviert und adaptiert: Heute sitzen die Gäste im ehemaligen Stall unter historischen Holzbalken an fein gedeckten Tischen und genießen die stimmige Atmosphäre.

»Jede Familie, jeder Hof ist eine autarke Welt für sich.«

Magdalena Messner

50, vielleicht machen wir dann mit 60 wieder etwas völlig anderes«, überlegt Anna. Ihr Mann bessert sie aber sogleich aus: »Mit 70 dann vielleicht irgendwann.« Und Anna lacht glücklich dabei.

Zurück in Schnals, ganz weiter drinnen im Tal, mit dem Similaun im Hintergrund, direkt über dem Vernagter Stausee gelegen, steht der Finailhof mit einem fantastischen Blick auf den tieftürkisfarbenen See und einer Fernsicht durch das gesamte Schnalstal bis hin zum Latemar, einem Gebirgsstock der Dolomiten. Auf fast 2.000 Metern lebt auch hier eine Familie Gurschler. Manfred und Veronika waren ebenfalls schon ein Paar, als sie den Hof übernahmen, und bewirtschaften die 530 Hektar – von denen 300 Hektar »unproduktiv« sind – seit sieben Jahren. Das ganze Jahr über in so einer Höhe zu leben und noch dazu wirtschaftlich zu überleben, ist nicht einfach. »Auch weil es bei dieser Größe der Landwirtschaft und den Gästen, die zu unserer Hofschenke kommen, zu zweit nicht machbar ist – da bist du ständig auf andere angewiesen, die helfen«, erklärt Veronika. Und ergänzt: »Zudem muss man immer auf alles vorbereitet sein: Es gibt Tage, da kommt kein einziger Gast vorbei, dann wiederum sind es 100 Wanderer, die ein Mittagessen wollen.« Die 24-Jährige scheint diese Schwierigkeiten jedoch auf eine ruhige, resolute, freundliche Art, die ihr eigen ist, zu meistern.

Neben all diesen Verpflichtungen haben sie und Manfred noch drei kleine Kinder. Deshalb helfen beide Großmütter, ihre Mutter sowie Schwiegermutter, tatkräftig mit, sind jederzeit abrufbereit. Anders würde es nicht funktionieren. Manfred steht Veronika im Service zur Seite, wenn viel los ist, zudem beschäftigen sie im Sommer sowie Herbst zwei Küchenhilfen und einen Knecht, der in der Landwirtschaft mitarbeitet. Nur so kann Manfred im Sommer um fünf Uhr früh auf der Alm nach den Schafen und Ziegen sehen, während sich jemand anderes um das Melken der Kühe kümmert. Denn sobald der Jungbauer zurückkommt, wird seine Hilfe beim Mittagsgeschäft im Gasthaus benötigt. Holzen tut er selbst, Brennholz zum Heizen gibt es dadurch genug. Solarplatten sorgen für das Warmwasser.

So fleißig wie sie sind, gibt es in der Jausenstation keinen Ruhetag. Und auch in die Landwirtschaft und die denkmalgeschützte Hofstelle – die aus vier Holzblockbauten besteht, deren Wohnhaus mit gewölbter Küche und bemalten Stuben samt Feldergetäfel und geschnitzten Pfettenköpfen auf das 15., 16. Jahrhundert zurückgeht – investieren sie viel Zeit und all ihre finanziellen Mittel. Drahtzäune kommen für Manfred beispielsweise nicht in Frage, nur solche aus Holz. Bei Adaptierungen gehen sie behutsam vor, bauen so um, dass es praktisch sinnvoll ist, optisch aber nicht stark auffällt, Altes erhalten

bleibt. Der neue Ziegenstall ist ganz in Holz gehalten und in der unterkellerten Terrasse ein Fleischverarbeitungsraum inklusive Kühlzellen untergebracht. »Auch wenn ja leider die Gesetze so sind, dass man selbst nicht schlachten darf, so zerlegen und verarbeiten wir das Fleisch wenigstens selbst. Aber mir tun die Tiere immer leid: Eine Ziege zum Beispiel, die fünfzehn Jahre lang nur bei mir auf dem Hof gewesen ist, wird in den letzten Stunden ihres Lebens mit dem Transport nach Bozen so gestresst, dass sie nur noch zittert«, erklärt Manfred. »Das ist schon absurd heute: Bei uns sind die Kontrollen überstreng, aber es werden massenhaft Produkte aus anderen Ländern importiert, wo nicht ansatzweise so viel geschaut wird. Da stimmt doch was nicht!«

Die Speisekarte auf dem Finailhof ist einfach: gute Hausmannskost, wobei sich die Familie Gurschler auf »Schöpsernes« – traditionell zubereitetes Schaffleisch –, Bock- und Ziegenbraten sowie Lamm und

Kitz spezialisiert und damit einen Namen gemacht hat. Weit über die Hälfte sind Eigenprodukte. In erster Linie natürlich das gesamte Fleisch, aber auch Milch, Eier und Gemüse wie Krautköpfe, Salat, Karotten, Kohlrabi, rote Rohnen, Kartoffeln, Zwiebeln und Kräuter. Vieles davon wird eingekocht für den Winter. Eigene Butter und Käse von der Alm wollen sie ab kommendem Sommer ebenfalls anbieten. An Obst wächst in dieser Höhe nicht viel, lediglich Johannisbeeren und Erdbeeren, die Ende August reif sind, macht das raue Klima nichts aus. »Wir haben viele Freunde und Verwandte, die froh sind, wenn sie zum Beispiel grünen Salat aus ihrem Garten abgeben kön-

Oben - Zum Finailhof gehören 530 Hektar, darunter ein ganzes Tal mitsamt Almflächen. 300 Hektar sind allerdings »unproduktiv«, also nicht nutzbar, da es sich um steile Berghänge und karge Steinlandschaften handelt.

nen, besonders wenn alles gleichzeitig reif ist. Auch liegen deren Gärten tiefer als unserer, wodurch das Gemüse früher dran ist als hier«, erklärt Veronika. Getränke hingegen müssen zugekauft werden: »Auch wenn eine Cola auf 2.000 Metern ein Blödsinn ist, viele Gäste wollen nur das. Oder ein Bier. Deshalb reichen unsere hofeigenen Säfte nicht aus, um die Masse zufrieden zu stellen.«

Auch wenn die Verzahnung der Land- und Gastwirtschaft zurzeit gut funktioniert, sehen sich Veronika und Manfred immer weiter um, möchten für den Notfall ein zweites Standbein aufbauen, am liebsten Urlaub auf dem Bauernhof anbieten. Die Schulung dazu hat Veronika absolviert, allerdings fehlt das Geld für den Umbau. »Wir sind bereits verschuldet, mehr können wir uns in den nächsten Jahren nicht leisten. Das ist schon eine Belastung, auch weil es einen extrem einbremst. Es fällt uns verdammt schwer, 30 Jahre aufzuholen … Denn es fehlt an allen Ecken und Kanten und mit unserem Einkommen stehen wir immer mit dem Rücken zur Wand. Es müsste so

viel getan werden, das hört gar nicht auf, und wir sind wirklich weit hinten: Ich habe nicht einmal einen Arbeitsraum oder eine Garage für den Traktor, der bald so alt ist wie ich. Man ist auf die Maschinen angewiesen, weil die Arbeitskräfte von früher fehlen. Ich will gar nicht daran denken, was passiert, wenn der Traktor einmal nicht mehr geht: Wo sollte ich die 100.000 Euro für eine Neuanschaffung herbekommen?«

Manfred sieht in dem Leben, wie er es mit seiner Familie führt, nur einen Nachteil: »Durch den Hof arbeitest du 365 Tage im Jahr – weil wir ja niemanden haben, der uns zwischendurch ersetzen könnte. So kannst du nie abschalten. Als ich gearbeitet habe, hatte ich auch stressige Zeiten, aber ich hatte am Wochenende frei. Als Bauer bist du immer in der Pflicht, du musst jeden Tag in der Früh und am Abend in den Stall. Die bürokratische Verantwortung, die einen mittlerweile regelrecht erdrückt, kommt noch dazu. Wie soll man als Bergbauer mit hochgezüchteten Milchbetrieben aus dem Flachland,

Links ~ Der Finailhof besteht, einem Weiler gleich, aus mehreren unter Denkmalschutz stehenden Holzbauten. Der geschichtsträchtige Bergbauernhof war einst der höchste Kornhof Europas.

wo Kühe nicht mehr Lebewesen, sondern Maschinen sind, die 60 Liter Milch am Tag geben, mithalten – wenn die Milchquoten diese Unterschiede nicht im Geringsten berücksichtigen? Eigentlich will die EU das ja vermeiden, aber sie verliert das gesunde Mittelmaß aus den Augen und differenziert nicht: Jeder Apfelbauer fährt mit einem Mercedes herum, ein Bergbauer gewiss nicht«, prangert Manfred an. »Als Touristenattraktionen sind die Bergbauernhöfe gut genug, aber das Leben wird einem schwer gemacht, wenn die denkmalgeschützten Häuser nicht adaptiert werden dürfen. Es ist gut, dass das bewusst kontrolliert wird, um das urige Alte zu erhalten, aber wenn es übertrieben wird, wie bei uns in Südtirol, dann stehen irgendwann alle historischen Gebäude leer. Sie verfallen und sind dann endgültig verloren.«

Trotzdem wirkt Manfred unverdrossen fröhlich, strahlt eine Zuversicht aus, die erklärt, warum er sich das alles überhaupt aufgehalst hat – er mäht teils noch händisch, weil manche Flächen zu steil für eine Mäh-

maschine sind. Seine Begeisterung ist regelrecht spürbar, dennoch bleibt er realistisch: »Ohne Hofschenke könnten wir nicht überleben«, meint Manfred. »Es ist traurig und schade, aber die Landwirtschaft alleine bringt heute viel zu wenig ein, da ist man nur noch von Subventionen abhängig und müsste es eigentlich lassen, weil man allein damit nicht über die Runden kommt. Keine Chance.« Die meisten Bergbauern spezialisieren sich deshalb. Die traditionell gemischte Tierhaltung, wie er sie betreibt, gibt es daher immer seltener: Mit 25 Stück Grauvieh, 100 Schafen, 60 Ziegen, Schweinen, Hühnern, Katzen und einem Hund ist alles dabei. »Wie es sich gehört«, sagt Manfred zufrieden.

Der Finailhof, einst der höchste Kornhof Europas, ist ein geschichtsträchtiger Hof. Einer Sage nach fand hier sogar Herzog Friedrich »mit der leeren Tasche« Unterschlupf und ließ als Dank einen goldverzierten Becher zurück. Nur wenige Jahre später, im Jahr 1422, eroberte eben jener Herzog Friedrich IV. im Zuge der gesamttirolischen Adels-

kämpfe die Burg Juval, die am Talanfang linkerhand liegt. Das wertvolle Abschiedsgeschenk befindet sich noch immer auf dem Hof, der Becher ist heute in einem Schaukasten zu sehen.

Als Manfreds Großvater, ein schwieriger Charakter, älter wurde, übergab er seinen Besitz nicht an Manfreds Vater – dem Sohn, der den elterlichen Bergbauernhof am liebsten gehabt hätte, auch immer am geschicktesten mit den Tieren gewesen war –, sondern einem seiner anderen Söhne. Dieser blieb jedoch nicht lange. Der zweite auch nicht. »Es kann nicht klappen, wenn einer immer anschafft, der andere aber zahlen muss und lediglich der Knecht ist«, stellt Veronika fest. »Deshalb haben Manfreds Großeltern ihr Leben und wir unseres. Auch wenn wir auf demselben Hof leben, muss man das strikt trennen, ansonsten geht man daran zugrunde. Der Anfang war sehr, sehr schwierig: Der Hof war heruntergekommen, die Gäste blieben aus. Mittlerweile haben wir viel weitergebracht und es gibt einige, die immer wieder kommen, die uns unterstützen wollen, weil sie es schön finden, dass zwei junge Leute das auf sich nehmen – auch weil wir das gut machen.« Dennoch ist der Großvater nie zufrieden, hat immer etwas auszusetzen. »Das ist ganz einfach: Wir sind nicht die richtigen, die jetzt hier am Hof sind. Denn er hatte einen Plan, nur ist der nicht aufgegangen. Aber es ist beruhigend, dass Generationskonflikte überall auf den Höfen auftreten, nicht nur bei uns.«

Der Enkel bietet ihm die Stirn. Manfred und Veronika kapitulieren nicht und retten dadurch den Hof. »Im Nachhinein kommt es mir vor, als ob jeder sein Leben hat und das schon bei der Geburt vorprogrammiert ist. Auch wenn du Umwege machst, irgendwie wirft es dich immer wieder in die Bahn, in deine Bahn zurück. Da kommt man nicht aus. Und so war es auch bei mir«, sinniert Manfred. Er wuchs auf dem Elternhof seiner Mutter auf und lernte viel von ihrem Vater, der einer der größten Viehzüchter des Schnalstales war. »So gesehen trat ich in seine Fußstapfen, denn schon als Kind hatte ich eine Mordsfreude mit Tieren.« Bereits mit neun Jahren verbrachte Manfred die Sommermonate als Hirte auf der Moar-Alm, der über 1.000 Jahre alten und damit ältesten Alm Südtirols. Als er in die Mittelschule kam, pachtete er einen kleinen Holzstall und hielt 15 Ziegen – alles in Eigenregie. Jeden Morgen fütterte er sie, duschte, zog sich um, ging zur Schule und freute sich bereits auf den Abend, wenn er wieder bei den Tieren sein konnte. Und musste.

Links - Die Jausenstation am Finailhof ist sowohl bei einheimischen als auch bei ausländischen Gästen ein beliebtes Ausflugsziel - mehrere Wanderwege führen daran vorbei.

Unbedingt wollte er die Landwirtschaftsschule besuchen. Da aber kein Hof in Aussicht war, hörte er auf seine Eltern und absolvierte, wenn auch widerwillig, eine Tischlerlehre. Nach dem einjährigen Zivildienst arbeitete er im Kurzraser Skiverleih – ein Job, der ihm Spaß machte. Sein Chef war so zufrieden mit ihm, dass er ihn ein halbes Jahr lang nach Neuseeland schickte, um ein Sportgeschäft aufzubauen. »Das war eine einmalige Erfahrung, mal etwas völlig anderes zu sehen! Als ich zurückkam, hatte ich beschlossen, nur noch für den Skiverleih zu arbeiten und dabei immer wieder ins Ausland zu gehen, denn das war mein Ding. Bauer würde ich sowieso nicht mehr werden, dachte ich. Also gab ich meine Ziegen weg.«

Nach einem halben Jahr kaufte er seine Ziegen zurück. Es ging einfach nicht ohne sie, es fehlte etwas. Also verzichtete er auf die Auslandsdienste und übernahm als Betriebsleiter den Verleih im Skigebiet Meran 2000. »Zu diesem Zeitpunkt hatte ich endgültig damit abgeschlossen, dass ich jemals in meinem Leben Bauer werden würde. Ich hatte eingesehen, dass es diese Möglichkeit nie geben würde.«

Eines Tages aber rief ihn sein Onkel, der Bruder seines Vaters, an: »Du bist der Einzige, der noch übrig ist und der auch Freude an den Tieren hat. Willst du den Hof? Ich möchte nur wissen: Ja oder Nein?« Manfred erbat sich eine Nacht Bedenkzeit. Er sprach mit seinem Chef darüber, der ihn bestärkte – »Nimm ihn! Das ist ein schöner, ein großer, ein bekannter Hof. Da hast du eine Heimat. Du wärst dumm, wenn du das Angebot ausschlagen würdest!« – und auch Veronikas Meinung war ihm wichtig: »Wenn sie nicht mit heraufgekommen wäre, dann hätte ich darauf verzichtet.« Veronika aber reagierte positiv und so rief Manfred am nächsten Tag seinen Onkel zurück und sagte zu. Am Montag kam er auf den Hof, am Dienstag war sein Onkel bereits ausgezogen. Von einem Tag auf den anderen war Manfred nun doch Bauer. »Auch wenn ich am Anfang nicht einmal wusste, welche Kühe überhaupt zu melken waren oder wo das restliche Vieh war, war ich glücklich!« Der Großvater sah ein, dass das der letzte Versuch war, dass nach seinem Enkel niemand mehr auf den Hof kommen würde und dennoch machte er es auch ihm nicht leicht. Der Jungbauer kann das nicht nachvollziehen: »Ich habe ja nichts Weltbewegendes verändert, ich wirtschafte nach wie vor wie vor 100 Jahren! Aber so ist er halt, der Großvater, ein harter Bursche. Immer ist alles nur schlecht und falsch, was andere besser machen, als er selbst es kann. Da wird selbst der eigenen Familie nichts vergönnt. Früher gab es entbehrungsreiche Zeiten, die Vor- und Nachkriegszeit, da hatte kein Bergbauer etwas zu lachen! Doch bei meinem Großvater war es so, dass er nicht nur das jüngste von acht Kindern, sondern auch der einzige Bub war. Und der ist natürlich

Links ~ Manfred und Veronika Gurschler haben in den letzten Jahren mit viel Engagement einiges am Hof auf Vordermann gebracht – bekannt sind sie vor allem für ihre hofeigenen Fleischprodukte.

Rechts ~ Der Garten der Familie Gurschler liegt direkt über dem Vernagter Stausee – hofeigene Produkte wie Gemüse und frischer Salat, Milch, Butter, Käse, Eier und Fleisch stehen je nach Saison auf der Speisekarte.

verhätschelt worden. Wenn du immer nur auf diesem Hof lebst und trotz schlechter Zeiten – wo alle anderen nur ums nackte Überleben kämpfen – stets alles bekommst, dann willst du auch immer mehr, wenn du groß bist. Du weißt ja nicht einmal, was es heißt, wenn es dir nicht gut geht! Auch heute ist das noch so: Er hat sein eigenes Haus, bekommt die ganze Verpflegung, hat seine Frau und Urenkel um sich, der Hof geht nicht zugrunde und doch ist es nie recht!«

Manfred und Veronika lassen sich davon nicht beirren, sie ziehen ihre Schlüsse daraus: »Auch aus Negativem kann man viel lernen: Es gibt in den Tälern, auf den Höfen hoch oben, immer kauzige, eigene Charaktere, aber mein Großvater ist wie ein Mahnmal für mich – so möchte ich nie werden«, meint Manfred. Die restliche Familie ist sich einig: Manfreds Vater, der übergangen worden war, hätte eigentlich von Anfang an den Hof bekommen sollen. Deshalb ist es nur fair, dass Manfred nun auf dem Hof ist.

Während Manfred über Umwege dort angekommen ist, wovon er immer geträumt hat, hatte Veronika ganz andere Pläne: Sie ist zwar im selben Tal auf einem Bauernhof aufgewachsen, wollte aber niemals Bäuerin, sondern Krankenschwester werden. Dass sie nun doch auf einem Bergbauernhof gelandet ist, direkt nach ihrem Abitur, bereut sie nicht: »So habe ich die Kinder immer um mich und bin zufrieden mit dem, was ich tue. Es ist auch gut, dass im Sommer so viel los ist bei uns, denn ansonsten müsste einer von uns in der Stadt arbeiten und das ist nie gut, weil dann der Hof nicht mehr an erster Stelle steht. Andererseits sind so natürlich auch viele Entbehrungen dabei: Unsere Kinder wissen, dass Manfred und ich nie zu hundert Prozent Zeit für sie haben – es ist ja immer etwas zu tun. Aber sie sind es gewöhnt, sie haben sich gegenseitig und sie sind dadurch selbstständig geworden. Nur wenn es zu lange still ist, muss man nachschauen gehen, denn dann stellen sie sicher etwas an«, erzählt sie lachend.

Die jungen Eltern schätzen die Lebensqualität, die Ruhe, die mit der Abgeschiedenheit einhergeht, und auch, dass ihre Kinder in großer Freiheit aufwachsen können. David, der Älteste, ist genauso tierbegeistert wie sein Vater. »Der Junge schimpfte erst kürzlich mit mir, weil ich die Plätze zweier Ziegen im Stall irrtümlich vertauscht hatte!« Aber er mache sich zwischendurch auch Sorgen: »Ob das nicht manchmal zu viel ist für den Kleinen, frage ich mich? Er hilft für seine sechs Jahre schon so fleißig und gewissenhaft mit, dass wir sein

Mithelfen auf die Wochenenden und Ferien beschränken mussten – auch wenn er enttäuscht ist.« Abgesehen von seinen Hasen, um die darf er sich immer kümmern. Auch im Sommer tut er nichts lieber, als mit seinem Vater auf der Alm nach den Tieren zu sehen: »Wenn es steinschlaggefährlich ist, bleibt er alleine unter einem schützenden Felsen zurück und wartet geduldig, bis ich wiederkomme. Erntehelfer weist am liebsten er ein«, erzählt Manfred schmunzelnd. Die Mittlere hingegen sei eine »Tussi«, erzählen ihre Eltern liebevoll amüsiert: »Die Ariane würde nie freiwillig in den Stall gehen, nicht mal in die Nähe davon!« Anika, das jüngste der drei Kinder, ist noch kein Jahr alt und bekam just an dem Tag im Oktober, als der erste Schnee fiel, hohes Fieber. In der Nacht wussten die Eltern nicht mehr ein noch aus: Die Kleine ließ sich nicht beruhigen, es schüttelten sie Fieberkrämpfe und das Fieberthermometer schnellte auf 41,5 Grad Celsius. Aufgrund der Schneemassen hatte der Finailhof keinen Strom, kein Licht, die Straße war nicht befahrbar. Also packten sie das Baby ein und stapften, immer wieder bis über die Knie einbrechend, ins Tal, wo die Bergrettung auf sie wartete, um sie zum Rettungswagen zu bringen – der wegen der umgestürzten Bäume nicht durchgekommen war. Die beiden älteren Kinder mussten derweil, mit sechs und drei Jahren, alleine zu Hause bleiben, während

eine ihrer Großmütter sich einen Weg durch den Schnee zu ihnen bahnte. Verbotenerweise, war doch alles gesperrt.

Im Krankenhaus erholte sich Anika zum Glück schnell, nach Hause aber kamen alle erst nach einigen Tagen wieder. War der Hof doch eingeschneit und dadurch abgetrennt von der Welt. »Aber das sind Ausnahmen«, betont Veronika. »Das bringt das Leben in solch abgelegenen Lagen einfach mit sich.«

Und weil sie dieses Leben trotz aller Widrigkeiten lieben, wollen Manfred und Veronika nicht aufgeben. Schon allein deshalb, weil Manfred die Ideen nie ausgehen: Aus der alten Mühle zum Beispiel möchte er – irgendwann, wenn es finanzierbar ist – ein kleines Bauernmuseum machen und darin die Entwicklung und Geschichte der Bergbauernhöfe, vor allem die Leistung der Bergbauern als Pfleger einer traditionellen, einzigartigen Kulturlandschaft, aufzeigen. Weil in seinen Augen das Bewusstsein um diesen Schatz in den Köpfen der Südtiroler noch nicht genug verankert ist.

Bergbauern in Südtirol – heute

Linke Seite ~ Das Backen von Fladenbrot, je nach Region »Vinsch-gerl« oder »Pusterer« genannt, hat in Südtirol lange Tradition. Bis heute ist es eine aufwändige Tätigkeit: Der Teig (bestehend aus Roggen- sowie Weizenmehl, Wasser, Salz, Sauerteig, Hefe und Ge-würzen wie Schabzigerklee, Koriander, Fenchelsamen und Kümmel) muss vorbereitet, der Steinofen mit reichlich Holz eingeheizt und die runden Laibe auf langen Holzbrettern geformt werden.

Rechte Seite - Sind die Teigfladen aufgegangen, kommen sie in den Ofen. Da Ruß und Hitze das Brotbacken zusätzlich erschweren, wird der hofeigene Backofen meist nur zweimal im Jahr verwendet. Um das Brot haltbar zu machen, lässt man es lufttrocknen. Sowohl frisch als auch hart getrocknet als Schüttelbrot gehören die zwei bis drei Zentimeter dicken Fladenbrötchen zur täglichen »Merende« – mit Speck, Bauernkäse und einem Gläschen Wein.

Linke und rechte Seite -
»Kaasn« – seit jeher wichtig, um
die Milch weiterzuverarbeiten;
ganz besonders auf der Alm –
ist eine anspruchsvolle Arbeit.
Gespür und Gewissenhaftigkeit
sind dazu vonnöten: muss
doch das Rezept immerzu
angepasst, der Reifegrad des
Käses überprüft und Laib für
Laib regelmäßig »geputzt« werden. Das Zerkleinern der einge-
dickten Milch zu »Käsebruch«
erfordert neben Kraft den ge-
schickten Umgang mit einer
Käseharfe (siehe links oben),
das Abtrennen der Molke ist
einfacher (siehe rechts oben).

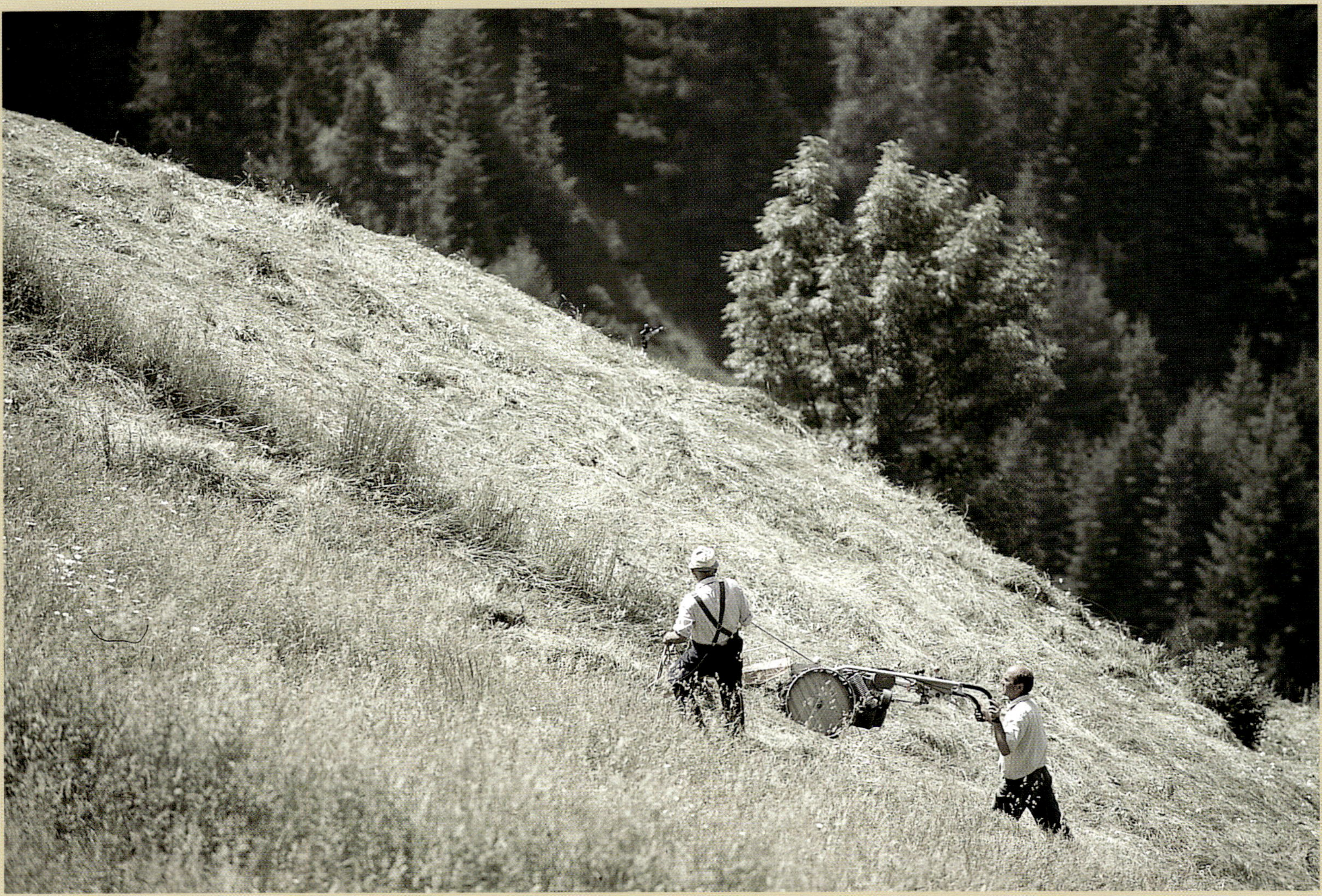

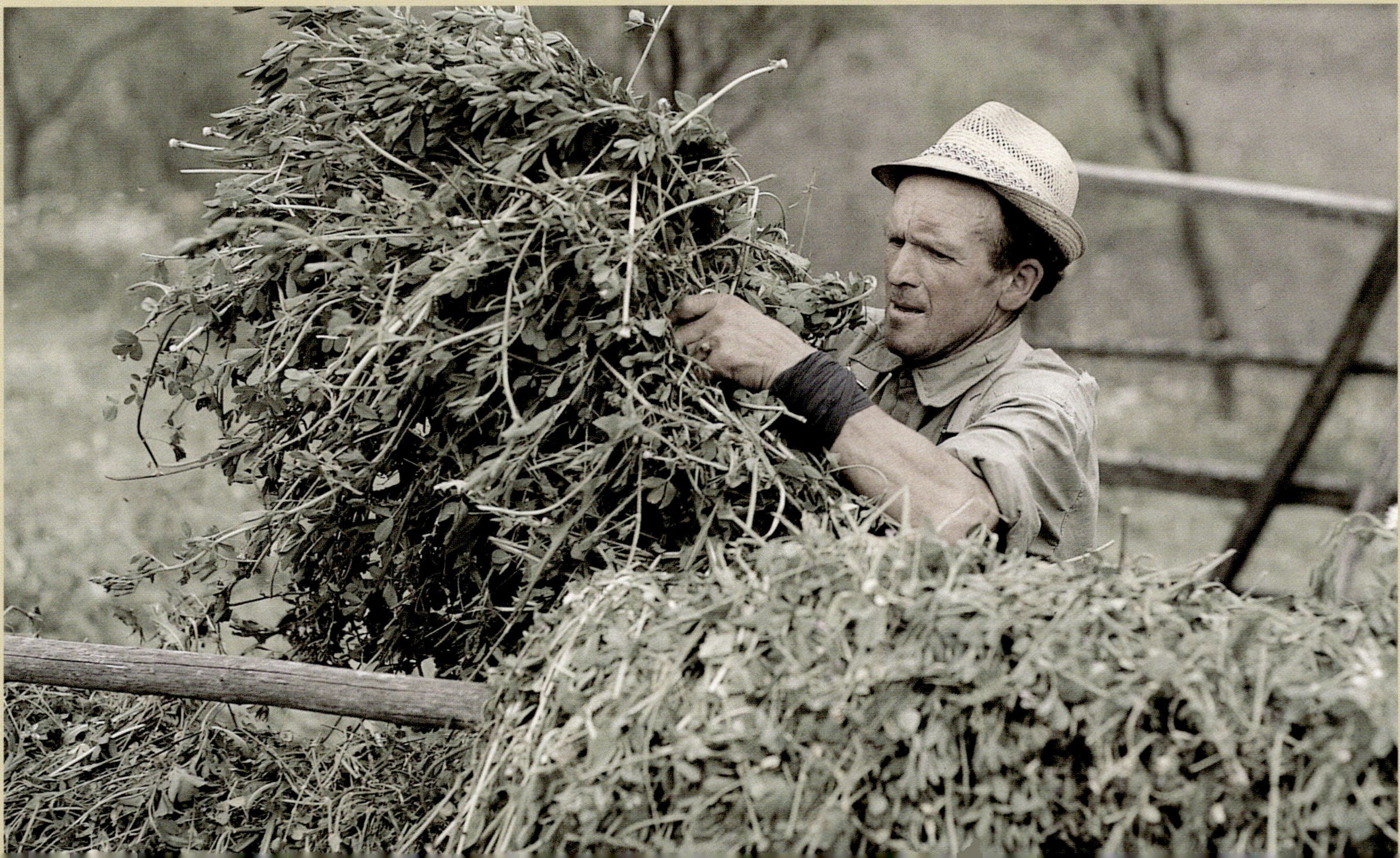

Linke und rechte Seite - Bergbauern bei der Heuarbeit: Zwar haben Mähmaschinen heute in den allermeisten Fällen die Sense abgelöst, doch sind viele Wiesenhänge so steil, dass die Maschine (und mit ihr der Bauer) ins Rutschen geraten und abstürzen könnte. Daher müssen sowohl Maschine als auch Mensch mit einem Seil gesichert werden. Nichtsdestotrotz bleibt es eine lebensgefährliche Situation. In solch starken Gefällen kommen, wie vor 70 Jahren auch, das »Heutuch« und der Pferdepflug zum Einsatz.

Linke und rechte Seite ‑ Das Düngen mit Mist, das Ausbringen von neuem Saatgut und das Flicken von Wegen auf Acker- und Weideflächen ist nach wie vor Männersache. Auch wenn die Stall-arbeit mittlerweile oft von Frauen übernommen wird, sind die Männer für das Scheren der Schafe verantwortlich. Das Scheren findet im Frühling und Herbst, vor Almauf- und nach Almabtrieb, statt. Elektrische Hand-Schermaschinen erleichtern heute die kraftraubende Tätigkeit. Und vielerorts heuert man professionelle Schafscherer, die in Australien ausgebildet werden, an.

DAS MESSNER MOUNTAIN MUSEUM ALS KULTURELLER SELBST-VERSORGER

Reinhold Messners 15. Achttausender

Südtirol ist ein Land, das eine wechselvolle politische Vergangenheit aufweist und aufgrund seiner Lage seit jeher Einflüssen sowohl aus dem Norden als auch aus dem Süden ausgesetzt war. Nicht nur diese historischen Hintergründe sind prägend für die regionale Kultur, sondern auch das Leben im Gebirge, in abgeschotteten Tälern und zwischen hohen Bergen. Aus einem solchen Bergtal stammt Reinhold Messner, der durch seine Expeditionen unzählige Gebirgsregionen und Bergstämme kennenlernte. Diesen Erfahrungsschatz brachte er zurück nach Südtirol und macht sein Erbe, das Erbe der Berge, sowie seine Sammlung, die Kunstwerke, Reliquien und Dokumente das Thema Berg betreffend umfasst, im *Messner Mountain Museum* für jeden zugänglich. Sein Abenteurerleben lang war er immer mit einem Minimum an Ausrüstung und technischen Hilfsmitteln unterwegs und stets darum bemüht, so unabhängig und selbstständig wie möglich zu sein – in geistiger wie finanzieller Hinsicht. Genauso unorthodox ist auch sein Museumsprojekt aufgebaut. Das *MMM* ist ein Museum mit einer sechsteiligen Satellitenstruktur: Sechs Museen an sechs verschiedenen Standorten. Und jedes Haus funktioniert autark.

Im Zentrum steht dabei das Museum in Schloss Sigmundskron bei Bozen (*MMM Firmian*), in dem es um die Entstehung, Besteigung und Verwitterung der Berge geht; in Schloss Juval (*MMM Juval*) erzählt Reinhold Messner von den Heiligen Bergen; auf dem Monte Rite (*MMM Dolomites*) wird der Fels und in Sulden unter dem Ortler (*MMM Ortles*) das Eis thematisiert; Schloss Bruneck (*MMM Ripa*) ist den Bergvölkern gewidmet und im sechsten Haus (*MMM Corones*) steht der traditionelle Alpinismus an den großen Wänden der Welt im Mittelpunkt.

Allen Häusern gemein ist, dass Standort und Architektur Teil des Themas sind und dass ein Begegnungsraum geschaffen wird, der begreiflich macht, was die Berge für den Menschen bedeuten. Jeder Museumsbesuch ist dabei nicht nur eine geistige, nein auch eine körperliche Erfahrung. Eine Begehung, mit einer kleinen Bergtour vergleichbar. Auch hat man von allen Standorten aus die Berge im Blick, die Themenelemente – Fels, Eis, Kultplatz, Bergbauernhöfe – sind in der Umgebung allgegenwärtig sichtbar. Zudem nimmt das *Messner Mountain Museum* eine Sonderstellung ein: Es ist das einzige aller Museen Südtirols, das ohne öffentliche Zuschüsse betrieben wird und damit, getreu Messners Motto, gänzlich autonom funktioniert.

Das *MMM* bewährt sich aber nicht nur in wirtschaftlicher Hinsicht, sondern – entgegen aller Prophezeiungen von Museumsexperten – auch als Provinzmuseum. Südtirol, das »Land an der Etsch und im Gebirge«, passt unbestreitbar zum Thema Berg und die Besonderheit und Ausstrahlung des Projektes liegt heute nicht zuletzt in der mehrteiligen Anlage, die ursprünglich aus der Not heraus – dem Widerstand sei Dank – entstanden ist. Nur so kommt der Synergieeffekt zwischen den Häusern zum Tragen. Dabei profitiert auch das Umfeld der jeweiligen Standorte von den touristischen Highlights: Ganze Hügel und teils abgelegene Dörfer erfahren einen Aufschwung bzw. eine Aufwertung, werden sie durch die *Messner Mountain Museums*, die tagtäglich viele Besucher anziehen, doch auch wirtschaftlich neu belebt. Obwohl alle sechs Häuser nur saisonal, vorwiegend in den warmen Monaten des Jahres, geöffnet sind, lockte das *MMM* – neben den Landesmuseen die größte museale Struktur Südtirols – in den letzten Jahren ein Zehntel der 1,5 Millionen Museumsbesucher des Landes an. Seinen berühmten Mitbewerber, den Mann aus dem Eis, kann es die Eintritte betreffend zwar nicht überflügeln, dies muss allerdings nicht immer so bleiben.

Wenn man bedenkt, dass etwa 80 Prozent der *MMM*-Besucher Touristen sind, wird klar, welch hohe Wertschöpfungseffekte damit einhergehen – denn von den Museumsbesuchern profitieren auch Gastgewerbe und Hotellerie, im besten Falle ebenso der Handel und die anderen Museen des Landes. Konkurrenz belebt also nicht nur das Geschäft, sondern ermöglicht zudem eine positive Wechselwir-

kung. In den vergangenen Jahren hat das *Messner Mountain Museum* einen bedeutenden Platz im Kulturspektrum und der Museumslandschaft der Region eingenommen. Und es ist zweifelsohne ein Gewinn für Südtirol als Destination im Bergtourismus. Es ist allerdings nicht nur ein Bergmuseum, sondern für den Begründer und Ideator Reinhold Messner sein »15. Achttausender«. Auch deshalb, weil er sein Projekt in seiner Heimat Südtirol verwirklichen wollte und dieser Umstand auf weit mehr Widerstand stieß als erwartet. Nach wie vor stehen in erster Linie die Südtiroler selbst und die Südtiroler Medien dem *MMM* skeptisch gegenüber.

Reinhold Messner ist es gelungen, einen Ort der Begegnung ins Leben zu rufen. Eine Kulturstätte, die nicht nur Treffpunkt von Alpinisten und Abenteurern ist, sondern auch von all jenen, die sich für den Berg, das Unbekannte und Geheimnisvolle interessieren. Es geht um die Auseinandersetzung mit dem Thema, um das Leben, die Menschen und die Religionen im Gebirge, um Alpingeschichte, Philosophie und den Tourismus in den Berggebieten der Welt, um Lebensarten, die bereits nicht mehr existieren oder vom Vergessen bedroht sind, um Phänomene, die jeden von uns etwas angehen. Messner beschreibt sein Bergmuseum als »ein Mosaik, das uns den Blick öffnen soll auf Werte, die den Gebirgen der Erde seit Anbeginn innewohnen: Zeitlosigkeit, obwohl sie verwittern; Gefahren, die wir alle fürchten; Entschleunigung, die uns allen Not tut.«

Dieses Mosaik besteht nicht nur aus den Hauptmuseen und ihren Dauer- sowie jährlichen Wechselausstellungen, es wird durch Mini-Museen erweitert: Die drei »Ableger« sind frei zugänglich und nicht als eigenständige Museen anzusehen. Sie dienen lediglich als »Kostprobe«, die aufmerksam machen und Lust auf mehr wecken soll. Im Flohhäuschen – einem winzigen Häuschen, das einst den Bergsteigern im Ortlergebiet als Übernachtungsmöglichkeit diente – sind Bergsteigerkuriosa untergebracht, daher der Name *MMM Curiosa*. Mitten in der Stadt Bruneck, im sogenannten Pulvertürmchen, wird im *MMM Biography* die Geschichte des Pustertaler Bergsteigens erzählt. Im Jahr 2013 eröffnete die Gemeinde Cibiana di Cadore einen Ausstellungsraum zum Weltnaturerbe Dolomiten – die UNESCO hat die Gebirgskette 2009 aufgenommen –, den Reinhold Messner mit dem *MMM Archive* ergänzte.

Sein Museumsprojekt hat Messner aus eigener Tasche finanziert. Damit ist er gänzlich unabhängig, an keine Weisungen gebunden und bleibt seinem Selbstversorgerdenken treu, indem er das Modell vom landwirtschaftlichen in den kulturellen Bereich überträgt – das *MMM* trägt sich heute selbst. Neben dem Begründer kümmern sich etwa 20 Mitarbeiter um die sechs Häuser. In den folgenden Kapiteln kom-

Oben ~ Im Maskensaal auf Schloss Juval sind Masken aus fünf Kontinenten, Renaissancemalereien und buddhistisch-asiatische Kunstgegenstände vereint. Passend zum Thema Mythos Berg.

Seite 114/115 ~ Um das Herzstück seines Museumsprojektes, *MMM Firmian* in Schloss Sigmundskron, musste mein Vater viele Jahre lang kämpfen. Rückblickend steht fest: Es hat sich gelohnt.

men einige von ihnen zu Wort und es wird klar, dass Reinhold Messner auch bei seinen Mitarbeitern Eigenständigkeit begrüßt und allen genügend Freiheiten zum selbstständigen Arbeiten überlässt – nicht nur für sich selbst fordert. Ein autarker Anarch, durch und durch, der die Lebensform des Selbstversorgers in jeder Hinsicht verinnerlicht hat. Wichtig ist ihm – unabhängig von formalen Qualifikationen –, dass sich das Team für das Projekt interessiert und begeistert, sich damit identifiziert.

Alle Museen wurden behutsam adaptiert oder gänzlich neu erbaut, wobei sie sich in die Landschaft einfügen. Die *Messner Mountain Museums* sind nicht nur Anziehungsmagnete für kulturell, sondern ebenso für architektonisch Interessierte. Die enge Zusammenarbeit

Reinhold Messners mit den Architekten und dem Denkmalamt hat sich bewährt: Nur so konnte das von ihm entwickelte Museumskonzept umgesetzt und verwirklicht werden. Die einzelnen Ausstellungskonzepte berücksichtigen die baulichen und historischen Gegebenheiten und setzen sie in Beziehung zueinander. Dieser interdisziplinäre, übergreifende Gesamtheitsanspruch ist Messner wichtig und spiegelt sich auch in der von ihm gewählten Ausstellungspraxis wider: Nicht nur Kunstwerke dienen der Veranschaulichung, sondern ebenso bergsteigerische Reliquien und Zitate. Auch deshalb lässt sich das *Messner Mountain Museum* nicht kategorisieren. Es ist weder reines Burg- oder Kultur-, Völkerkunde noch Kunstmuseum, es ist ein Gesamtkunstwerk. Ganz im Sinne William Blakes: »Wenn Mensch und Berg sich begegnen, kann Großes geschehen.«

MMM Juval – Mythos Berg

Die Lage der Burg fasziniert seit eh und je. Der ehemalige Kultplatz ist wie geschaffen für das Thema »Mythos Berg«, dem das *MMM Juval* gewidmet ist. In Reinhold Messners Privatburg geht es um die Tanzplätze der Götter, die heiligen Berge, die anhand jener Gipfel behandelt werden, die für die lokale Bevölkerung Schlüsselberge darstellen. Hier sind seine umfangreiche Abenteuer-Bibliothek, Expeditionsausrüstung sowie Tibetica-Sammlung untergebracht und Renaissance-Fresken zu sehen. Reinhold Messner hat die Anlage mit viel Aufwand und Feingefühl renoviert und mit neuem Inhalt gefüllt: Mittelalterliche Mauern wurden mit moderner Architektur und Fremdländischem verknüpft, Sammlungen inszeniert und integriert. Mitte der 1990er Jahre schließlich fand der vorerst letzte Baueingriff statt: Um den weiteren Verfall des ruinös verfallenen Nordtraktes aufzuhalten, wurde ein vom deutschen Architekten Robert Danz konzipiertes Glasgiebeldach angebracht. So bleibt das historische Gemäuer bestehen, wird geschützt und der Blick auf die Baugeschichte durch die transparente Glas-Stahl-Konstruktion dennoch offen gelassen. Rund fünf Monate jährlich ist das Schloss der Öffentlichkeit zugänglich, doch nur im Rahmen von Führungen zu besichtigen – sowohl, um die Anzahl der Besucher in Grenzen zu halten, als auch, um eine gewisse Kontrolle über sie zu haben. Denn die Burg dient der Familie Messner nach wie vor als Sommerwohnsitz, weshalb sie nicht als professionell eingerichtetes Museum konzipiert wurde.

Vielmehr ist aus dem Wohnhaus spontan ein Museum geworden, was den Charme der Anlage verstärkt.

Schloss Juval ist demnach alles andere als ein klassisches Kunstmuseum, obwohl viel Kunst zu sehen ist – sei es innen oder außen. Jede Nische, jedes Plätzchen, jede Leiste beherbergen Kunstobjekte aus aller Welt. Die baulich-architektonische Substanz fungiert dabei nicht nur als »Hülle«, sondern ebenso als eigenständiges Ausstellungselement. Insofern kann von einem Gesamtkunstwerk gesprochen werden, das trotz seiner verhältnismäßigen Kleinräumigkeit jeder Besucher um einige Eindrücke reicher verlässt. Dies ist auch den Führern zu verdanken, die den Besuchern Tag für Tag die 1.000-jährige Burggeschichte näher bringen. Otto Mair ist einer von ihnen. Und er ist von Anfang an dabei gewesen: Seit 1995 führt er die Museumsbesucher durch Schloss Juval. Zählt man die tagtäglichen Führungen der Besichtigungsmonate von bald 20 Jahren im Schnitt zusammen, hat er weit über 13.000 Gruppen geführt. Seiner stillen, immer etwas heiseren Stimme hört man dies an. Von Langeweile oder Überdruss aber keine Spur, ganz im Gegenteil: Nie hätte er gedacht, dass er »eine so angenehme Arbeit«, die seinen »Interessen derart entgegen kommen würde«, finden könnte.

Schon immer hatte er einen starken Bezug zu alten Gemäuern. Bereits als Kind haben ihn Schlösser, die etwas Geheimnisvolles an sich hatten, angezogen. So auch Juval, das er bereits als kleiner Knirps von außen kannte. Er wählte daher die naheliegendsten Studienfächer und belegte Geschichte sowie Germanistik an der Universtität Innsbruck. Zudem ließ er sich zum Integrationslehrer und Theaterpädagogen ausbilden, beschäftigte sich nicht nur mit dem Theater, sondern auch mit Film. An zahlreichen Produktionen nahm er als Statist teil, in anderen ist er als Komparse zu sehen. Auch war er lange Zeit Mitglied einer Band, die zwar einige Jahrzehnte pausierte, nun aber wieder auflebt: und Otto als Bassist mit ihr.

Otto unterrichtete gerne. Unter anderem zwei Juvaler Schwestern, die am Unteren Schlossbauernhof zu Hause waren. In jener Zeit begann er die Burg zu fotografieren, saß nach Spaziergängen von seinem Heimatdorf Naturns aus mit Freunden oft vor dem Schlosstor in der Sonne und dachte: »Irgendwann möchte ich da mal hinein kommen!« Und gerade die Frau, in die er sich verliebte und die heute seine Ehefrau ist, öffnete ihm 1988 das Schlosstor: Denn Monika ging der Familie Messner als Haus- und Kindermädchen zur Hand und übernahm schließlich sogar für einige Jahre den *Schlosswirt* auf Oberortl. Otto unterstütze sie dabei und war beim ersten Schlossbesuch verzückt: »Das war freilich eine schöne Welt!« Als Reinhold Messner das Kastell öffentlich zugänglich machte, war Otto bereits in

Pension. Den Posten als Juvaler Museumsführer nahm er ohne Zögern an. Seither kümmert er sich als »guter Schlossgeist« zusammen mit der Hausmeisterfamilie in Abwesenheit der Familie Messner um die Anlage. Die Frage, ob ihm bei seiner Arbeit etwas fehlen würde, lässt ihn länger nachdenken, bis er schließlich auf seine typisch ruhig-besonnene Art nonchalant meint: »Jeder Arbeitstag vergeht viel zu schnell. Und damit auch mein Leben. Aber das geht wohl allen so«, und lacht dabei. Nicht einmal über das Wetter beklagt er sich, denn bei Wind und Regen kann sein Job ungemütlich und anstrengend sein.

Otto erzählt lieber von der Anfangszeit: »Zu Beginn waren fünf Besucher pro Führung bereits viel.« Damals war die Straße noch nicht asphaltiert, Juval ausschließlich zu Fuß zu erlangen und damit noch schwerer erreichbar als heute, wo am Fuße des Hügels ein Parkplatz existiert und ein Shuttlebus in Anspruch genommen werden kann. Mittlerweile gibt es Momente, in erster Linie um die Mittagszeit herum, in denen zu viele Besucher gleichzeitig ins Schloss wollen. Und auch wenn nach der langjährigen praktischen Erfahrung die Führungszeiten gut getaktet sind, kommt es aufgrund der Kleinräumigkeit des Schlosses unweigerlich zu Engpässen. In der Regel aber funktioniert der Ablauf gut und die Besucher müssen nicht zu lange warten. Nach wie vor gilt dabei die Devise, dass eine Führung nur dann ausfällt, wenn kein Besucher da ist, ansonsten findet sie auch für nur einen einzigen Interessierten statt. Und auch wenn Otto je nach Nationalitäten bestimmte Tendenzen feststellt – »Die Tiroler, ganz egal ob Nord- oder Südtiroler, haben weniger Ehrfurcht, die greifen ganz unbekümmert alles an, machen beispielsweise Schränke auf. Die Italiener nehmen es einfach nicht so genau mit der Zeit« –, so hebt er die Anständigkeit der Besucher hervor: Lediglich ein paar Weinflaschen und Marmeladengläser würden hin und wieder aus dem Keller verschwinden.

Nach Juval kommen vorwiegend deutschsprachige Touristen aus der Schweiz, Österreich und Deutschland. Südtiroler sind wenige darunter und auch diese sind anfangs eher zweifelnd und zurückhaltend, am Ende jedoch meist positiv überrascht. »Allein mit Südtirolern könnte das Museum nicht überleben!«, ist Otto überzeugt. Die Anzahl italienisch- und englischsprachiger Gäste aber nimmt zu. Genauso wie manche Besucher mehrfach kommen. Deshalb sind auch Erweiterungen oder Umstellungen der Sammlung wichtig. Otto freut sich über Veränderungen, weil sie beleben und weil er spürt, »dass Reinhold nicht einfach nur etwas hinstellt, weil hier noch Platz ist, sondern dass da immer gedankliche Überlegungen dahinterstecken. Manchmal brauche ich etwas länger, bis ich den Hintergrund verstehe, dann bin ich im ersten Moment zweifelnd, aber das ganze Umfeld betreffend entpuppen sich die Umstellungen immer als richtig, als stimmig. In Gestaltungsdingen ist Reinhold einmalig: Wie er die Sachen platziert, das gibt es kein zweites Mal! Ich denke, das ist ein durchgängiger Prozess, denn er hat ja alles genau im Kopf, er weiß zentimetergenau, wie groß die Plätze sind, überdenkt manches immerfort. Über seine Vorstellungskraft staune ich immer wieder. So wie er sich die Felswände früher ansah, die Linien und Möglichkeiten, genauso sieht er sich heute die Mauern an und überlegt, wie er wo gestalten könnte.«

Dann sucht er nach den richtigen Worten, um die Zusammenarbeit mit seinem Arbeitgeber zu beschreiben. Nach einer Denkpause meint er schließlich: »Ich bin ehrfürchtig und ich schätze es sehr, wenn ich meine Sachen machen kann, wie sie mir richtig erscheinen. Es ist mir wichtig, dass ich einen bestimmten Freiraum habe. Allerdings ist man in keiner Hinsicht so schnell wie Reinhold, der alles zügig erledigt.« Und fügt hinzu: »Sonst wäre er nie so weit gekommen. Mir geht's oft zu schnell, aber so langsam komme ich schon mit. Reinhold verschiebt nichts auf später, erledigt immer alles gleich und ist einfach unglaublich aufmerksam – auch was Kleinigkeiten anbelangt. Und das ist doch wunderbar, denn obwohl mittlerweile die Sammlung so groß und noch dazu auf verschiedene Häuser verteilt ist, hat er alles ganz genau im Kopf.«

Die Entwicklung des *MMM* hat Otto von Anfang an miterlebt, denn Juval war bereits Museum, als die Idee der anderen Satelliten noch gar nicht geboren war. Dabei gesteht er, dass er ihr zunächst kritisch gegenüber stand und an der Umsetzung zweifelte. »Ich kann mich noch an die verschiedenen Standorte, wie beispielsweise Schloss Beseno, erinnern, die im Gespräch waren – gerade als es aussichtslos erschien auf Sigmundskron jemals ein Museum einrichten zu können. Ich war wirklich skeptisch, ob sich das realisieren lassen wür-

de. Denn es ist unglaublich schwer, ein Schloss mit einem Thema zu besetzen, es neu zu beleben und auch noch dafür zu sorgen, dass es wirtschaftlich überlebensfähig ist. Doch mittlerweile habe ich überhaupt keine Bedenken mehr. Ich bin sehr zufrieden damit – so ist es rund.« Und er erinnert sich: »Ich bin sehr, sehr beeindruckt gewesen, als ich Sigmundskron zum ersten Mal gesehen habe. Ich war so beeindruckt, dass ich mir dachte: Wir müssen uns auf Juval wirklich bemühen, um mithalten zu können!« Inzwischen ist es so, »dass die Leute die *MMMs* sammeln. Ich sage oft, wenn ich bei Führungen auf Juval mit der Besuchergruppe an den Jagdutensilien und -trophäen vorbeikomme: Der Reinhold ist Sammler und Jäger.« Diese Leidenschaft hat demnach schon die Museumsbesucher angesteckt, das Konzept des Museumsbegründers scheint aufzugehen.

Für Otto ist Juval eine »Herzensangelegenheit. Ich habe das Gefühl, dass ich schon vor 500 Jahren einmal da war. Das haben mir auch andere sensible Menschen zu verstehen gegeben – ich halte zwar nicht viel davon und glaube nicht daran, aber im Innersten freut es mich, denn ich spüre, dass da eine Verbindung ist. Auch wenn es sich rational nicht erklären oder fassen lässt.« Otto ist ein Familienmensch, stolzer Großvater und – wenn mittlerweile auch etwas widerwillig – Anfang Dezember traditionsmäßig als einer der Naturnser Nikolause unterwegs. Mit seinem langen, schlohweißen Haar und dem langen Bart eignet er sich hervorragend dazu. Juval aber liegt ihm am Herzen, es gehört einfach zu seinem Leben, ist ein Stück Zuhause. Es überrascht daher nicht, dass es ihm das liebste aller *Messner Mountain Museums* ist – das sagt der sonst so bedachte, zurückhaltende Mann wie aus der Pistole geschossen: als wolle er daran nur ja keine Zweifel aufkommen lassen. Kein Wunder, dass sich diese Hingabe und Begeisterung auf die Museumsbesucher überträgt.

Rechts - *MMM Juval* ist der sommerliche Wohnsitz meiner Familie und daher kein professionell eingerichtetes Museum. Doch ebendieses familiäre Flair gibt der Anlage seinen besonderen Reiz, wie Besucher im Herbst und Frühling feststellen können.

Seite 118 - Otto Mair kennt die Historie Juvals wie kaum ein anderer: Seit fast 20 Jahren führt er die Museumsbesucher durch »sein« Schloss.

GESPRÄCH MIT EINER FROHNATUR: MARIANNE EMMLER

MMM Dolomites –
das Museum in den Wolken

Das *MMM Dolomites* befindet sich als einziger der Satelliten nicht in Südtirol. Steht man allerdings erstmals auf dem 2.181 Meter hohen Monte Rite in der Provinz Belluno, wird schnell klar, warum dieser Platz für das Felsmuseum ausgewählt worden ist: Allein der 360-Grad-Rundblick auf die spektakulärsten Dolomitengipfel ist einzigartig! Man kann sich schwerlich eine passendere Umgebung für das Erzählen der Entstehung und Geschichte des Kletterns im Fels am Beispiel der Dolomiten vorstellen. Die Entwicklung der Felskletterei, die lange vom Dolomiten-Klettern bestimmt worden ist, kann anhand von Bildern und Kletterausrüstungen nachvollzogen werden. Neben zahlreichen Dolomitenansichten von der Romantik bis heute zeugen Fossilien von der Millionen Jahre langen Entstehung der Dolomitenfelsen, die aus den Korallenriffen des tropischen Thetysmeeres aufgrund der Verschiebungen der Kontinentalplatten empor gedrückt worden sind. Die Reliquien, Erinnerungsstücke an jene Forscher und Kletterer, die alpine Geschichte geschrieben haben, und eine große Bildergalerie sind in einem alten Fort untergebracht.

Die Festung ist in den Jahren 1912 bis 1914 errichtet und später als ideale Verteidigungsposition Italiens gegen Österreich-Ungarn angesehen worden. Die verfallene Anlage wurde umfassend renoviert und mit modernen Anbauten ergänzt: So wurden anstelle der ehemaligen Geschütze auf den Rotationskuppeln gläserne Dachaufsätze in unregelmäßigen Kristallformen angebracht – ist doch der Kristall das charakteristische Element des Dolomits. Enzo Siviero und Paolo Faccio, die beiden mit der Planung beauftragten Architekten aus Padua, wollten so viel von den alten Bauteilen und Materialien wie möglich wieder- und weiterverwenden. Auf diese Weise wurden die ursprünglichen Baukörper wiederhergestellt und die nötigen Ergänzungen klar und bewusst davon abgesetzt: Innen und Außen werden miteinander verknüpft, Altes wird erhalten beziehungsweise wiederbelebt und Neues ermöglicht.

Diese Devise zieht sich durch alle *Messner Mountain Museums*. Hier, auf dem Monte Rite, ist die ehemalige Kaserne zu einer Berghütte umgebaut worden, die sowohl Wanderer als auch Museumsbesucher aufnimmt und als Hotel sowie Cafeteria fungiert. Die einstige Batterie beherbergt die Museumsräume, das Pulvermagazin die Wechselausstellung und der Beobachtungsstand dient als Aussichtspunkt. Wer das *MMM Dolomites* besichtigen möchte, muss sich vom Cibianapass aus entweder zu Fuß auf den Weg machen oder kann einen Shuttledienst in Anspruch nehmen, denn die schmale Bergstraße ist für den Autoverkehr nicht geeignet. Das »Museum in den Wolken«, das höchste seiner Art in ganz Europa, macht das wechselhafte Wetter in einer solchen Höhe sichtbar: Denn im Wolkenspiel scheint der Berg – und damit das Museum – immer wieder schwerelos und geheimnisvoll in der Luft zu schweben.

Gerade diese ausgesetzte Lage fasziniert Marianne Emmler, die im *MMM Dolomites* seit 2008 Sommer für Sommer, jeweils von Anfang Juni bis Ende September, die Stellung hält. »Da oben auf diesem Berg, diesem wunderschönen Platz zu sein, das ist ein Privileg – ich habe mir immer gewünscht dem stressigen Stadtleben entfliehen zu können und jetzt habe ich sogar eine kleine Wohnung auf über 2.000 Metern Höhe.« Dort übernachtet sie allerdings nur hin und wieder. Und sie erinnert sich, dass genau beim ersten Mal ein starkes Gewitter über und um den Monte Rite zog – in dieser Höhe besonders eindrucksvoll: »Ein ungeheures Erlebnis! Ein Silvesterfeuerwerk ist wirklich ein Klacks dagegen. Natürlich hatte ich anfangs eine Heidenangst: Strom weg, Telefon aus, nur ich und eine Kerze in den Museumshallen … Aber dann setzte ich mich in eine der gläsernen Kuppeln und war von dem Spektakel derart fasziniert, dass ich meine Angst vergaß. Denn wenn du nach unten siehst, dann siehst du die Wolkendecke und kannst ganz genau verfolgen, wo die Blitze anfangen und wie sie am Talboden entlang wandeln. Einmalig, so etwas hatte ich noch nie gesehen! Abenteuer pur.« Natürlich kommt es auch vor, dass Gewitter während der Öffnungszeiten des Museums auftreten. Dann versucht Marianne für die Besucher, die das Gebäude vorläufig nicht mehr verlassen dürfen, das Beste daraus

zu machen, verteilt Taschenlampen, selbstgemachten »Gewitterschnaps« und für die Kinder Kekse. Diese Art, immer das Positive in allem zu sehen, und ihre Zuversicht, ihren Optimismus auf andere zu übertragen, zeichnet Marianne aus.

»Reinhold zieht sich wie ein roter Faden durch mein Leben«, sagt sie. Das erste Sachbuch, das sie sich als junges Mädchen kaufte, war von ihm: »Über seine Mount-Everest-Besteigung, er wurde ja damals weltberühmt. Und später dann, da waren wir noch mit unserer Eisdiele beschäftigt, war ich völlig erstaunt, aber begeistert, dass er mit seinem Museum in unsere abgelegene Gegend kommt.« Auch *MMM Juval* besuchte sie bereits vor fünfzehn Jahren, es interessierte sie einfach. Dass sie schlussendlich selbst für Reinhold Messner in einem der Museen arbeiten würde, hätte sie im Traum nicht gedacht. Marianne ist in der Nähe von Freiburg geboren und aufgewachsen und verliebte sich in ihren letzten Schuljahren in den Sohn einer traditionellen italienischen Eismacherfamilie. Die beiden wurden ein Paar und betrieben nach Mariannes Fachabitur in Deutschland ihre eigene Eisdiele mit Leidenschaft. Dazu pendelten sie zwischen Stuttgart und Venas di Cadore, dem Heimatdorf ihres Mannes, hin und her – bis dieser erkrankte. »Ein schwerer Schlag … Damals begleitete ich ihn oft ins Krankenhaus und eines Nachts, als ich nicht schlafen konnte, sah ich mir eine Talkshow im Fernsehen an. Ja, und wen sehe ich da? Reinhold Messner, der über das italienische Gesundheitssystem spricht. Ich glaube, damals war seine Mutter gerade gestorben.« Das brachte Marianne zum Nachdenken, war es doch der größte Wunsch ihres Mannes, ganz nach Italien zurückzukehren. Und das ermöglichte sie ihm: Sie verkauften die Eisdiele, ließ sich anleiten, um ihn selbst betreuen zu können, und sie verbrachten ein Jahr zu Hause in Venas. Eine mutige Entscheidung, die zeigt, was für eine Stärke in Marianne steckt.

Mit dem Tod ihres Mannes aber wurde ihr der Teppich unter den Füßen weggezogen: Fernab ihres Heimatlandes fühlte sie sich mit der Bürokratie und ohne jeglichen Plan völlig alleine gelassen. Einige Tage nach dem Verlust ihres Mannes zwang sie sich schließlich dennoch das Haus zu verlassen und landete in Pieve di Cadore, der Geburtsstadt Tizians, wo gerade eine Ausstellung zu sehen war. Wie es der Zufall will, wurden dafür noch Mitarbeiter gesucht und Marianne, die bereits in Deutschland viel und gerne gemalt, auch eine Kunstschule besucht hatte, sagte sofort zu. Wenig später erfuhr sie von ihrem Nachbarn, dass Reinhold Messner für das *Dolomites* jemanden suchen würde. Doch Marianne lehnte ab, weil sie es sich nicht zutraute. Ihr Nachbar aber ließ nicht locker und sie dachte sich irgendwann: »Eigentlich kann ich ja nichts mehr verlieren«, und traf sich mit Messner, dem sie sogleich sagte: »Ich habe keinerlei Referenzen vorzuweisen, nur meine Begeisterung!« Das reichte ihrem zukünftigen Arbeitgeber. Damit hatte sie wieder einen Plan. »Dafür bin ich Reinhold von Herzen dankbar, dass er mir dieses Vertrauen entgegen gebracht und diese Aufgabe – eine Bereicherung für mein Leben – gegeben hat.« Ursprünglich wollte sie nur übergangsmäßig bleiben, mittlerweile aber möchte sie ihren Job nicht mehr missen. »Früher habe ich durch die Eisdiele nie etwas vom Sommer gehabt und jetzt bin ich wieder in einer ähnlichen Situation. Aber es geht mir so gut dabei, dass ich denke, das soll wohl einfach so sein.« Dennoch hat sie den Wunsch einmal in der warmen Jahreszeit ans Meer fahren zu können. In den ruhigen Wintermonaten schaufelt Marianne fleißig Schnee, malt und engagiert sich im Vorstand eines Clubs, der sich um ältere Leute kümmert.

Marianne sprüht vor Lebenslust, ist ein fröhlicher, herzlicher Mensch. Deshalb mag sie die Geselligkeit und die Spontaneität der Italiener so gern. Ihre anfänglichen Sorgen, sie könne das alles nicht, wurden bereits zu Beginn zerstreut, erzählt sie: »Es kam am ersten Tag ein Journalist im Museum vorbei, in dessen Artikel dann stand, dass es eine neue Leitung gibt, die – und jetzt kommt's – auch ein gutes Deutsch spricht. Der hat nicht gemerkt, dass ich Deutsche bin und das war für mich das größte Kompliment. Das war alles so spannend und hat mir über eine schwierige Zeit sehr hinweggeholfen!«

Sie liebt die Atmosphäre des Museums: Die Abgeschiedenheit – »Auch wenn du im Tal Sorgen hast oder die Politik dich bedrückt, dann fährst du hier hoch und lässt einfach alles hinter dir, bist weg von der Welt« – und die Ähnlichkeit zu einem Kloster. Nicht umsonst seien die Besucher oft beeindruckt, wie das Gästebuch zeigt: »Die Einträge sind manchmal wie ein Gebet«, bemerkt Marianne. »Da wird Gott für die wunderbare Natur gedankt und gleich danach Reinhold Messner, der dieses Erlebnis möglich gemacht hat, so ungefähr jedenfalls. Und das finde ich grandios, wenn man Menschen so glücklich machen kann. Es sind sehr viele Emotionen da oben, das spüre ich auch immer wieder. Ins Hochgebirge kommen oft Leute, die Probleme oder einen Verlust erlitten haben, die die Einsamkeit suchen oder sich selbst finden wollen. Es kommen wirklich die unterschiedlichsten Menschen hier herauf: ganz normale Touristen, Künstler, Bergliebhaber, Bergsteiger, aber auch Spinner, und das sind meistens die spannendsten. Oder Esoteriker, zwei Burschen und ein Jahr später eine Frau, die behaupteten, hier sei ein magischer Punkt. Mag sein, auch wenn ich mit so etwas wenig anfangen kann, aber ich habe manchmal das Gefühl, dass es ein besonderer Platz ist.«

Auch um Cibiana, das 400-Einwohner-Dorf mit einem historischen Ortskern, das mittlerweile ihr Zuhause ist, macht sie sich Gedanken

und hofft, dass hier irgendwann der touristische und damit wirtschaftliche Aufschwung kommen wird, den das *MMM Dolomites* nur bedingt gebracht hat. Deshalb wünscht sie sich auch eine Seilbahn, um den Monte Rite noch attraktiver und die Museumsbesucher zufriedener zu machen. »Wenn das einer erreichen kann, dann ist das der Reinhold«, ist Marianne überzeugt. Besucher kommen auch mal frustriert beim Museum an, weil der Weg zu weit oder die Straße zu staubig ist. Marianne empfängt solche Gäste immer besonders aufmerksam mit folgenden Worten: »Sie sind nun hier angekommen und wenn Sie sich weiter ärgern, dann verderben Sie sich den Tag. Holen Sie doch mal Luft und schauen Sie sich um: Haben Sie ein so tolles Panorama jemals gesehen? Genießen Sie doch, dass Sie hier sind.« Und schließt humorvoll an: »WIR sind ja nicht teuer.«

An Reinhold bewundert sie, »dass er Leute bewegt – egal, ob mit seinen Vorträgen, seinen Büchern oder seinen Museen.« Auch nach sechs Jahren Zusammenarbeit ist sie nach wie vor nervös, wenn sie ihn trifft. Das ging anfangs sogar so weit, dass ihre Augen sich vorher immer entzündeten: ›Ich trat ihm die ersten beiden Male immer nur mit Sonnenbrille entgegen. Mittlerweile reagieren meine Augen nicht mehr über, wenn er sich ankündigt«, erzählt sie lachend. Sie wusste einfach nicht, was von ihr erwartet wurde, schließlich war sie bislang immer nur Arbeitgeberin, nicht Arbeitnehmerin gewesen. »Mittlerweile habe ich begriffen, dass Initiative angebracht ist, dass selbstständiges Arbeiten gewünscht ist. Das kommt mir entgegen. Reinhold ist mit so vielen Dingen gleichzeitig beschäftigt, hat so viele Ideen und ein derart volles Leben, dass er einfach nur froh ist, wenn etwas funktioniert, ohne dass er große Anweisungen geben, ohne dass er eingreifen muss. Ihm deshalb so weit wie möglich den Rücken freizuhalten, indem ich versuche, alles erst mal selbst zu lösen, ist das Beste, was ich machen kann.« Dass nun ein sechstes Museum, das *MMM Corones*, dazu kommen wird, sieht Marianne mit gemischten Gefühlen, denn »bisher war immer meines das höchste«, stellt sie, über sich selbst schmunzelnd, fest. Den Rundumblick auf die Dolomiten aber, den kann ihr nichts und niemand streitig machen. Genauso wenig wie die gute Laune, die sie verbreitet.

Seite 122 und 125 ~ Marianne Emmler freut sich immer auf den Zeitraum zwischen Juni und September, wenn sie die Tage im *MMM Dolomites* verbringen kann: Der Panoramablick vom Monte Rite auf die umliegenden Dolomiten ist spektakulär.

MMM Ortles – im End' der Welt

Der Im-End-der-Welt-Ferner am Ortler existiert zwar heute nicht mehr, der ehemalige Gletschername passt jedoch hervorragend zum *MMM Ortles*, welches das Eis thematisiert. Das Museum in Sulden ist – neben dem gerade entstehenden *MMM Corones* – als einziges der *Messner Mountain Museums* in einem extra dafür entworfenen Neubau untergebracht, in einen Hügel hineingeschoben, also größtenteils unterirdisch angelegt. Über schiefe Ebenen, glatten Eisflächen ähnlich, geht man immer tiefer in den Berg hinein. Einzig der Eingangsbereich und eine gezackte Lichtschachtspalte – oder Gletscherspalte? – sind von außen zu sehen. Flächenmäßig ist es das kleinste aller Hauptmuseen, doch hebt es sich als einzigartiger Neubau architektonisch von den restlichen ab. Reinhold Messner hat in Sulden einen alten Bauernhof mitsamt Grundstücken gekauft und Arnold Gapp, einen Suldner Architekten, mit der Lösungsfindung betraut. Dieser plante eine Gebäudegruppe aus drei Teilen: Das Bauernhaus wurde erhalten und saniert, anstelle der benachbarten Scheune ein Sherpa-Haus errichtet und in den erhaltenen Kellerräumen der ehemaligen Scheune ein Museumsanbau und -konzept entwickelt. Die unterirdische Ausstellungsfläche wirkt großzügig und die innenarchitektonische Gestaltung eindrucksvoll, drängt sich gegenüber den Ausstellungsgegenständen aber nicht auf. Im Gegenteil, die Gemäldesammlung kommt auf dem klaren, unbehandelten Sichtbeton gut zur Geltung.

Behandelt werden im *MMM Ortles* unterschiedlichste Themen aus dem Bereich von Schnee und Eis: ob Skilaufen, Eisklettern oder Polfahrt, hier donnern Lawinen, ist der Ortler als höchster Eisgipfel Südtirols wie ein eingerahmtes Bild zu sehen und werden spannende Geschichten über »Schneemenschen« und Expeditionen ans Ende der Welt erzählt. Dichter und Denker, wie beispielsweise der österreichische Schriftsteller Christoph Ransmayr mit seinen »Schrecken des Eises und der Finsternis«, werden zitiert und in einem kleinen Kinoraum werden jährlich wechselnde Filme zu einem thematischen Schwerpunkt gezeigt. Natürlich wird auch die Geschichte des »Pseirer Josele« erzählt: Ein Gamsjäger, der 1804 den Ortler erstbestieg – eine der bedeutendsten alpinistischen Ereignisse der damaligen Zeit. Und eine beeindruckende Leistung, wenn man die Ausrüstung des Erstbesteigers mit den heutigen Eiskletter-Hightech-Geräten vergleicht. All dies wird dem Museumsbesucher in einer kleinen Einführung von Robert Eberhöfer erzählt, dessen persönliches Ziel es ist, dass jeder Besucher »sein« Museum zufrieden verlässt. Denn er sagt: »Mir tut es weh, wenn Leute aus dem Museum herausgehen und sagen: ›Das gefällt mir nicht.‹ Aber warum gefällt es ihnen nicht? Weil sie sich mit dem Thema nicht auseinandergesetzt haben, weil sie nichts mit den Kunstwerken anfangen, sich nichts darunter vorstellen können und dadurch die Geschichten dahinter nicht verstehen.« Daher versucht er, jedem Gast in einem Gespräch wenigstens kurz zu erklären, um was es geht. Das ist jedoch nicht nur aus Zeitmangel manchmal schwierig, sondern auch aufgrund von Sprachbarrieren, denn das *MMM*-Publikum ist ein internationales, unter den Besuchern sind daher auch Australier, Japaner und Amerikaner.

Robert bezeichnet sich selbst nicht »als weiß Gott kunstinteressiert oder kunstbewandert«, doch durch die Arbeit im Museum hat sich das geändert. Nie hätte er sich früher gedacht, dass er ein Museum anstatt eines Hotels führen würde – Robert, ein gelernter Elektrotechniker, wollte in seinem Heimatdorf bleiben und sattelte deshalb mit Mitte zwanzig um; er absolvierte die Hotelfachschule als Klassenbester und arbeitete viele Jahre zufrieden in der Suldner Gastronomie, dem stärksten Arbeitgeber im Tal. Zu Reinhold Messner und dem *Messner Mountain Museum* kam er schrittweise, eigentlich zufällig. 2004 beaufsichtigte er den Bau des *MMM Ortles*, weil sich das gut mit seinem Job als Rezeptionist kombinieren ließ. Beim Einrichten und Hängen der Ausstellung übernahm er die praktische, handwerkliche Durchführung. Das machte er so gut, dass er bis heute für die Hängung zuständig ist – in allen Museen Messners. Robert ist ein enthusiastischer Mensch, der sich sogar für ein so vermeintlich langweiliges Thema wie das Hängen von Kunstwerken begeistern kann. Lebhaft erzählt er von den damit verbundenen Schwierigkeiten: dem Zeitdruck und der Improvisation, denn jedes Objekt ist anders, darf

nicht beschädigt werden und zudem müssen die vorgegeben baulichen Umstände sowie die Budgetvorgaben eingehalten werden.

2009 schließlich übernahm er das *MMM Ortles* ohne zu zögern. Nicht nur, weil er zusammen mit seiner Frau Hana den Betrieb seiner Eltern führt und das Appartementhotel alleine nicht machbar, für zwei aber zu wenig Arbeit ist und es sich daher optimal mit dem lediglich nachmittags geöffneten Museum vereinbaren lässt; sondern auch, weil er für das *Messner Mountain Museum* brennt: »Der Job ist fantastisch! Auch weil das Konzept so toll ist: Dass eine Privatperson ein derartiges Projekt auf eigene Kosten ins Leben ruft, noch dazu das Risiko eingeht, in Konkurs zu gehen, so viel für die Region macht und dann mit der ganzen Kritik aus dem eigenen Land so souverän umgeht, das ist einfach bewundernswert. Umso mehr, wenn dieser Mensch das auch noch durchzieht und sagt: ›Das ganze Geschwätz der anderen interessiert mich nicht, ich mache das jetzt – das ist meine Idee, mein Plan und den verwirkliche ich.‹ Das ist doch toll! Und sich mit dem zu identifizieren, für das zu arbeiten, alleine diese Tatsache ist schon Gold wert.« Auch liebt er die Selbstständigkeit, die mit seinem Job einher geht: »Ich bin Putzfrau und Direktor in einer Person.« Dass Robert ehrgeizig ist, merkt man, wenn er erzählt, dass er nicht nur die Besucheranzahl im Winter steigern, sondern auch im Museumsshop gut verkaufen möchte. Es kratzt an seiner Ehre, dass heuer im Trubel einige Bücher verschwunden sind. Und so etwas ärgert ihn.

Robert ist motiviert, bringt sich und seine Ideen ein. Auch außerhalb der Öffnungszeiten ist er gerne bereit, größere Gruppen im Museum zu begrüßen. Er macht sich Gedanken um die Zukunft des *MMM Ortles* und des *MMM* allgemein: »Ich hoffe, dass es noch lange, lange so weitergeht!«

Wenn Robert weder im eigenen Betrieb noch im Museum anzutreffen ist, so ist er entweder mit seinem »Brettl« oder in der großen weiten Welt unterwegs. Bereits im Alter von elf Jahren entdeckte er seine große Leidenschaft, das Snowboarden. Mit den Skiern ist er wie alle Kinder in Sulden aufgewachsen: Auf der Piste wurde Fangen gespielt, es gab keinen Hang, den er nicht unsicher gemacht hätte, und keinen Stein, über den er nicht gesprungen wäre. Im Vergleich dazu erschien ihm das Snowboarden so anders, so elegant im Pulverschnee. Schnell beherrschte er es als einer der ersten Südtiroler und war so gut, dass er locker hätte im Weltcup mitfahren können. Das aber wünschten seine Eltern nicht, die die Schule an erster Stelle sehen wollten. Dennoch fuhr und gewann Robert Rennen in der Nähe, hatte Sponsoren und ließ sich zum Snowboardlehrer ausbilden sowie dazu befähigen, Snowboardlehrer zu unterweisen. Unter-

Seite 126, 129 und links ~ Robert Eberhöfer kümmert sich um das *MMM Ortles* in Sulden und steckt mit seiner Begeisterung für das gesamte *Messner Mountain Museum* viele der Besucher an.

richtet hat er aber nie, er wollte sein Hobby nicht zu seinem Beruf machen. Bald schon wurden ihm die Pisten zu langweilig, die Hänge zu flach. Er suchte extremere Fahrmöglichkeiten und kam dadurch zum Bergsteigen, die Rinnen der Achttausender reizten ihn. 1996 nahm er erstmals an einer Himalaja-Expedition teil.

Durch diese Erfahrung fand er Gefallen am Reisen: Seit Jahren ist er daher regelmäßig auf eigene Faust in abgelegenen Regionen der Erde, die noch nicht touristisch erschlossen sind, unterwegs. Auch zusammen mit seiner Frau hat er einige Trekkingreisen unternommen. Gerne fotografiert er dabei die Menschen, die ihn faszinieren, genauso wie die verschiedenen Landschaften und Kulturen. Deshalb trägt er einen Xi-Stein um den Hals und sammelt nicht nur mehr Wein und Whiskey, sondern auch Asiatika – Parallelen zu seinem Arbeitgeber, die Robert jedoch schon interessierten, bevor er Reinhold kennen gelernt hat. Auf die Frage, wie es sei, mit Reinhold Messner zu arbeiten, antwortet er: »Ich habe da überhaupt keine Schwierigkeiten. Aber das Schlimmste ist: Er vergisst nichts – er weiß

alles, er hat all seine Ideen im Kopf! Und er hat eine derart umfangreiche Sammlung, dass er natürlich zeigen möchte, was er hat. Aber manchmal ist weniger eben mehr. Und da ist es hin und wieder gar nicht so einfach, ihn zu überzeugen.« Doch auch das stellt er auf seine überlegt quirlige Art fest, ohne frustriert zu wirken. Als ich ihn nach seinen Lieblingsausstellungsstücken frage, nennt er gleich eine ganze Hand voll. Zweimal aber erwähnt er das Gemälde des Perito-Moreno-Gletschers von Helmut Ditsch. Dieses Bild sieht er tagtäglich, er hat es während seiner Arbeitszeiten im Museum jede Sekunde vor Augen. Es sei so plastisch, so eisig: »Ich friere im *Ortles* manchmal regelrecht, weil die Kunstwerke und die Architektur so kalt wirken« – ein schöneres Kompliment gibt es nicht, das Konzept zum Thema Eis scheint wirkungsvoll zu sein. Und als ich ihn abschließend auf seine Wünsche – das *MMM* und die Zusammenarbeit mit Reinhold betreffend – anspreche, sagt der sonst so gesprächige Robert nur einen kurzen Satz: »Ich bin wunschlos glücklich.«

GESPRÄCH MIT DER FRAU, BEI DER ALLE FÄDEN ZUSAMMENLAUFEN: RUTH ENNEMOSER

MMM Firmian – der verzauberte Berg

Lange wurde um Schloss Sigmundskron bei Bozen als Standort für das Zentrum des *Messner Mountain Museums* gerungen, weshalb drei Museen bereits existierten, als es eröffnet werden konnte. Die Burg, eine der ältesten im Land und im Jahre 945 erstmals schriftlich erwähnt, war Bischofssitz und wurde im 15. Jahrhundert unter Herzog Sigismund dem Münzreichen von Österreich-Tirol mit großem Aufwand in eine wehrhafte Festung umgebaut. Besonders geschichtsträchtig ist die Halbruine aber auch deshalb, weil sich 1957 mehr als 30.000 Südtiroler dort versammelten, um das »Los von Trient« zu fordern. Damit wurde sie zum politischen Symbol für die jüngste Südtiroler Geschichte und die eigenständige Landesautonomie. Der Historie Sigmundskrons ist der »Weiße Turm« im *MMM Firmian* – Firmian ist der alte Name der Burg – gewidmet. Die restliche großräumige Anlage wurde durch einen Rundgang zugänglich gemacht, der an das Auf und Ab einer Bergtour erinnert und bei jedem Besuch Neues entdecken lässt.

Mit der Revitalisierung der Burgruine ist der Vinschger Architekt Werner Tscholl, Messners Wunschkandidat, beauftragt worden. Er ging dabei so vor, dass die Einbauten eigenständig für sich und mit Abstand zum alten Mauerwerk stehen, sodass alle Eingriffe – in Stahl, Glas und Eisen – wieder rückgängig gemacht werden können. Dabei wurde vor allem langsam rostender Stahl verwendet, der mit dem rötlichen

Porphyr und Dolomitgestein der alten Mauern korrespondiert. Die zeitlose Schwere des alten Gemäuers und die vergängliche Leichtigkeit der neuen Zubauten bilden einen spannenden Rahmen für die Ausstellungsgegenstände. Die fragil wirkenden Gitter, Metallstege und Wendeltreppen sowie gläsernen Geländer und schwebend erscheinenden Ausstellungsflächen drängen sich dabei jedoch nicht in den Vordergrund.

Durch die behutsame Sanierung des historischen Gemäuers und Dank des gut durchdachten Ausstellungskonzeptes können im Museum Entstehung, Ausbeutung und Verwitterung der Gebirge genauso nachvollzogen werden wie die religiöse Bedeutung von Gipfeln oder die Entwicklung zum Pistentourismus. Kunst, Installationen, Reliquien und Aussagen zum Thema Berg werden hierfür von Reinhold Messner gleichermaßen eingesetzt, um zu hinterfragen, was es mit der Begegnung Mensch–Berg auf sich hat. Ihm geht es dabei vor allem um Empfindungen, um einen emotionalen Zugang, und nicht um objektives Verstehen. Die Innenhöfe bieten nicht nur genügend Raum für Skulpturen, sondern auch für Veranstaltungen verschiedenster Art: Sowohl ein Felsentheater als auch eine freistehende Bühne sind variabel nutzbar. Zudem sind ein Fest- bzw. Vortragssaal sowie ein Café-Restaurant mit Vinothek und Terrasse vorhanden. Für Abwechslung sorgen jährlich wechselnde Sonderausstellungen, die unterschiedliche Bergthemen zum Schwerpunkt haben.

Im Rahmen des Rundganges wandelt man von Turm zu Turm, und blickt immer wieder auf die umliegende Landschaft, die Stadt Bozen und die am Fuße des Burghügels vorbeiführende Schnellstraße. Reinhold Messner stellt mit bestimmten Ausstellungsstücken und Texten bewusst einen Bezug zur unmittelbaren Umwelt her und regt die Besucher zum Nachdenken an. Eingriffe des Menschen in die Natur, Entstehung und Vergänglichkeit, Berge und Wüsten spielen dabei eine große Rolle. So erscheint auch die unmittelbar angrenzende Naherholungszone, ehemaliger sanierter Müllberg von Bozen, in einem völlig anderen Licht. Genauso wie der Berg und die Begegnung Mensch–Berg nach diesem Museumsbesuch anders oder neu wahrgenommen wird: sind es doch die Menschen, die den Bergen Inhalt und Ausstrahlung geben, wie man auf dem »verzauberten Berg« auf Sigmundskron sehen kann.

Links - Bei Ruth Ennemoser laufen tatsächlich alle Fäden zusammen: Seit 30 Jahren ist sie Messners Privatsekretärin und kümmert sich heute zudem um die Verwaltung seiner Museen und Bauernhöfe.

Mitten drin, im Herzen Firmians, sitzt Ruth Ennemoser. Ihr Büro, dessen Glasfront nicht nur eine grandiose Aussicht auf den Schlern ermöglicht, sondern auch gleichzeitig in den Innenhof der Anlage – Ruths wachem Blick entgeht so schnell nichts! –, ist die Verwaltungszentrale des *Messner Mountain Museums*. Hier werden alle bürokratischen, personalbezogenen Fragen gelöst, der Terminkalender Reinhold Messners gemanagt. Ein Rund-um-die-Uhr-Job, den und der sie erfüllt. Dass Ruth dabei mehr Zeit im Büro als daheim verbringt, beziehungsweise Sigmundskron eine Art Zuhause für sie geworden ist, zeigt sich auch darin, dass sie dort elegant-gemütliche »Patschen«, Filzhausschuhe, trägt.

Vor genau 30 Jahren fing Ruth als Haushälterin und Sekretärin in Villnöß an, erinnert sie sich: »Reinhold war nach kurzer Zeit schon auf Vortragsreise und ich dadurch mit dem Haus, den Hunden und dem ständig klingelnden Telefon alleine. Zuerst wusste ich gar nicht, was ich sagen sollte. Also habe ich ein Heft gekauft und darin jeden einzelnen Anruf notiert. Bei seiner Rückkehr meinte Reinhold dann nur: ›Du musst lernen selbstständig zu arbeiten, dann wird das schon.«« Und so war es tatsächlich: Der Anfang war schwer, dann aber behauptete sich Ruth und setzte sich auch bei den Anrufern durch, die ausschließlich persönlich mit ihrem Chef sprechen wollten. Sie wurde zur Selbstständigkeit gezwungen, als er – oft Monate lang – auf Expedition war: »Bei der Gasherbrum-Überschreitung erlebte ich zum ersten Mal, wie es ist, wenn Reinhold auf Expedition geht, denn es gab keine Handys in der Zeit, man konnte ihn auch per Telefon nicht erreichen – die waren irgendwo und niemand wusste etwas Genaues.« So wuchs Ruth nach und nach in alles hinein. »Das war alles spannendes Neuland für mich. Bevor Reinhold damals aufbrach, gab er mir den Auftrag ausführlich zu recherchieren. Ich glaube, über die Sherpas, Tibet und die Achttausender. Ich habe gelesen und gelesen, doch später fiel mir auf, dass er mich nie nach den Ergebnissen gefragt hat! Da war mir klar, dass er mich beschäftigen und gleichzeitig sicherstellen wollte, dass ich in das Thema hineinkomme«, erzählt sie lachend. »Ja, ja, das war der Anfang … Der Reinhold ist jedoch zum Glück vom Typ her so, dass er einem die Ängste sogleich nimmt, man sich wohl fühlt.« Im abgeschiedenen Villnößtal ging das etwas langsamer vonstatten: Sobald Ruth in eine Bar kam, verstummten in der Regel alle Gäste und erst wenn sie wieder draußen stand, setzte das Geschnatter erneut ein.

Gerade als sie sich dort heimisch fühlte, die Dorfbewohner sie aufgenommen hatten, stand der Umzug nach Schloss Juval an. Von dort aus führte sie das Büro, hielt die Handwerker auf Trab und zwei Jahre lang die Stellung, sogar im Winter. Als die Bauernhöfe dazu kamen, berichtet Ruth, erlebte sie eines schönen Tages, als sie verfrüht von München nach Juval zurückkam, einen Schock: »Der Palas war hell erleuchtet, laute Musik war zu hören und auf den Ledersofas tümmelten sich ein Haufen trinkender, rauchender Leute, die ich noch nie gesehen hatte!« Die junge Frau, die sich um Oberortl hätte kümmern sollen, hatte einfach eine Party geschmissen. Und nicht nur das: »Sie hatte auch die Unverfrorenheit Marihuana im großen Stil auf den Hofwiesen anzupflanzen – unglaublich! Stell dir vor, das hätte ein Fernsehteam einmal zufällig bemerkt und dann sehen das zig Leute am Bildschirm!«

Reinhold war in dieser Zeit viel unterwegs, doch Ruth war gerne auf Juval und kümmerte sich zusätzlich um die Alpinschule, bevor sie sich entschloss zu kündigen und nach Paris zu gehen. Sie wollte einmal wegkommen, etwas von der Welt sehen. »Eigentlich plante ich länger in Frankreich zu bleiben, doch als ich zu Weihnachten auf Heimatbesuch war, blieb ich irgendwie doch wieder hängen.« Als Reinhold von der Antarktis zurückkam und sie traf, sagte ihr ehemaliger Chef nur: »Du kannst gleich morgen wieder für mich arbeiten!« So kam es dann auch und daran hat sich bis heute nichts geändert. Ruth gehört zur Familie. Jahrelang befand sich ihr Büro Tür an Tür zu unserer Wohnung in Meran – bevor sie mit der Eröffnung des *MMM Firmian* nach Sigmundskron gezogen ist – und war die Notfallanlaufstelle für uns Kinder, wenn unsere Eltern nicht zu Hause waren. Damals war sie Kettenraucherin, manchmal reizbar und etwas schroff. Heute überwiegt ihre Lebenslust und quirlige Fröhlichkeit, auch wenn sie sehr bestimmt und rigoros auftreten kann, wenn es von Nöten ist. Ihr Verantwortungsbewusstsein und ihre Exaktheit hat sie sich ebenso bewahrt.

Ruths Aufgabenbereiche wuchsen zunehmend – parallel zu Reinholds Erfolgen und Unternehmungen: Zur Koordination seiner Expeditionen, Bücher, seinen Vorträgen und TV-Auftritten kamen die Landwirtschaft, Wirtschaftsvorträge, das Mini-Museum *Alpine Curiosa* dazu. Hierbei fungierte Ruth als Übersetzerin der deutschen Texte ins Italienische, verrichtete die Pressearbeit, schrieb all seine mit der Hand geschriebenen Bücher ab und organisierte bei der »Rund um Südtirol«-Begehung die Gespräche und Diskussionen an den Grenzen. 1995 wurde Juval als Museum eröffnet, drei Jahre später das *Yak & Yeti* in Sulden, womit jede Menge bürokratische Aufgaben einhergingen, vor allem während der Bauarbeiten. »Seine Parlamentszeit kam dann auch noch dazu, während parallel der Aufbau des *Messner Mountain Museums* lief. Also, so gesehen war ich immer eingedeckt, an Arbeit fehlte es mir nie. Im Gegenteil, es kam immer mehr dazu«, stellt Ruth fest. Und sie erinnert sich an einen Besucher im Büro, der etwas länger auf sie warten musste, weil das Telefon ohne Unterlass klingelte, und der schließlich meinte: »Was für eine vielfältige, interessante Arbeit Sie doch haben!« Und erzählt lebhaft weiter: »Ich weiß noch, dass es beim ersten Telefonat mit einer Galerie um den Kauf eines Bildes ging; mit dem zweiten Anrufer verhandelte ich um Wollschweine für Oberortl und das dritte Gespräch drehte sich wieder um etwas völlig anderes. Daher wiederholte der Herr nochmal: ›Nein, Sie haben wirklich einen ungewöhnlich abwechslungsreichen Büroalltag!‹ Und das stimmt, das liebe ich so an meinem Job. Auch, dass ich mit allem ein bisschen zu tun habe: bei den Pächtern angefangen bis hin zu den Museumsbesuchern oder Veranstaltungen.«

Dabei wirkt sie zufrieden, man merkt, sie geht darin auf – auch wenn sie an besonders stressigen Tagen bis Mitternacht am Schreibtisch sitzt. Und gerade weil sie auch immer wieder gezwungen war Neues dazuzulernen, ist sie offen geblieben und wurde gefordert: »Erst mit Sigmundskron hat das mit den Mitarbeitern zum Beispiel richtig angefangen: Ich musste erst einmal sehen, wie das mit den Löhnen abgewickelt werden muss, wie man sich am besten verhält usw., das war ja wieder etwas völlig Neues! Oder als ich einen PC bekam, den habe ich ein halbes Jahr lang nur angeschaut«, schildert sie lachend. »Heute kann ich mir das ohne, allein mit der Schreibmaschine, gar nicht mehr vorstellen.« So vieles hat sich Ruth im Laufe der Jahre selbst beigebracht. Sie ist stolz darauf, identifiziert sich mit ihrer Arbeit derart, dass sie damit verwachsen scheint: »Hätte ich Kinder oder einen Partner, der nicht so flexibel und tolerant wäre wie meiner, könnte ich das so nicht machen. Allerdings lasse ich es mir auch nicht nehmen, ich hätte es wahrscheinlich dennoch gemacht: Zum einen, weil mir meine Arbeit gefällt, und zum anderen, weil ich weiß, auch wenn sie mir nicht gefällt, ich muss sie getan haben.« Dieser Pragmatismus, diese Verlässlichkeit zeichnen Ruth aus, machen sie zu der, die sie ist, und erklären, warum bei ihr alle Fäden des »Messner-Imperiums« zusammenlaufen. Ihr Leben ist das *MMM*, ihre Laufbahn ist ganz eng mit der Lebenschronik ihres Chefs verknüpft. Doch wer da der Chef ist, lässt sich manchmal nicht genau sagen: Erst kürzlich waren die beiden zusammen Mittagessen und der Brotkorb wurde nicht wieder aufgefüllt. Beim Zahlen wies Ruth mit Nachdruck darauf hin, dass das Brot immer noch nicht gebracht worden sei, worauf Reinhold begütigend zur Kellnerin meinte: »Schauen Sie, machen Sie sich nichts draus, mit mir ist sie noch viel strenger!« Solche Momente genießt sie.

»Das Positive am Reinhold ist: Er ist voller Ideen und er reißt einen dabei mit – manchmal will man gar nicht, aber es gelingt ihm schlussendlich doch. Vieles hat mich begeistert, aber ich denke natürlich immer auch an die Verwaltungsarbeit, das Bürokratische, das dann dahintersteckt, denn das unterliegt dann automatisch meiner

Oben ~ Im *MMM Firmian* auf Schloss Sigmundskron bei Bozen geht es um die Auseinandersetzung Mensch–Berg. Der Rundgang durch die geschichtsträchtige Anlage ermöglicht Ein- und Ausblicke verschiedenster Art.

Verantwortung.« Zudem hebt sie hervor, »dass er einen machen lässt, was sehr schön ist, dafür bin ich ihm wirklich dankbar. Und wenn ich Fehler gemacht habe, hat er sie mir niemals vorgeworfen – er ist ja der Meinung, wenn man nichts ausprobiert, kann man auch keine Fehler machen. Das ist ein großer Pluspunkt, finde ich.« Als »Minus-punkt« der Zusammenarbeit nennt sie Reinholds Ungeduld: »Das ist

das Einzige, weshalb wir uns manchmal in die Haare bekommen haben. Was ich hingegen immer bewundert habe: Er konnte noch so cholerisch und aufbrausend sein, mit euch Kindern aber war er im-mer nett, immer ruhig und geduldig. Ihr seid einfach sein Ein und Alles! Ich kann mich erinnern, das war noch im Büro in Meran, brüll-te er einmal ganz fürchterlich – nicht mit mir, sondern am Telefon. Plötzlich stand der Simon, damals noch ein kleiner Knirps, in der of-fenen Bürotür und sagte: ›Papa, ich mag das nicht, wenn du mit der Ruth so schreist!‹ Daraufhin fing Reinhold an zu lachen und seine Wut war verflogen.«

Anerkennend erzählt sie von Reinholds eiserner Disziplin, doch na-türlich gab es auch schwierige Zeiten: als er beispielsweise von der Schlossmauer fiel, sich das Fersenbein zertrümmerte und alles auf einen Schlag anders war – nicht nur für ihn, auch für sein Umfeld. Durch den Unfall war er gezwungenermaßen viel zu Hause, konnte keine Termine mehr wahrnehmen. Ruth schmunzelt rückblickend: »Das war für alle eine große Umstellung. Sowohl für ihn als auch für Sabine und mich, da keiner von uns dieses permanente Zusammen-leben und -arbeiten gewohnt war.«

Woran Ruth sehr gerne zurückdenkt, sind die Reisen, die sie mit Sa-bine, Reinhold und deren Freunden sowie uns Kindern später unter-nommen hat: Bei der Annapurna-Expedition war sie dabei – »Die habe ich ganz besonders eindrucksvoll gefunden! Eineinhalb Monate in einer so anderen Welt« –, genauso wie auf Reisen durch Tibet, in den Jemen, nach Marokko und Brasilien. Ruth ist ein Genussmensch, sie liebt gutes Essen, schätzt ein gutes Gläschen Wein, geht gerne ins Kino, in Konzerte jeglicher Art, ganz besonders Klassik und Jazz, sieht sich mit Vorliebe Ballett oder Tanz an und schwimmt unglaublich gern im Meer. Doch die Zeit dazu findet sie nur selten … »Ich täte so vieles gern! Ich würde gerne tanzen, das fasziniert mich ungemein; mich würden kulturelle Städtereisen verlocken; ich ginge aber auch gerne auf den Berg. Man sieht: Ich bin vielseitig interessiert, komme aber zu wenig dazu.«

Ruth, die jüngste dreier Schwestern, kommt aus Obermais bei Meran und wollte immer Primaballerina werden: Mit drei Jahren bereits be-suchte sie ihre erste Ballettstunde. Sie hatte Talent, doch so jung wollten ihre Eltern sie nicht nach Wien oder Mailand schicken. Also begrub sie ihren Tanztraum, besuchte die zweijährige Handelsschule in Meran und hat in einer Import-Export-Firma alles von der Pike auf gelernt. »Dann bin ich nach Sulden, England, kam zum Reinhold, Frankreich, Reinhold, Reinhold, Reinhold. Und da bin ich heute noch«, stellt sie lachend fest. Und sagt nach einer kurzen Pause: »Rückblickend hätte mir nichts Besseres passieren können!«

GESPRÄCH MIT EINER FREIHEITSLIEBENDEN: CAROLINE GASSER

MMM Ripa – das Erbe der Berge

Das bisher jüngste der *Messner Mountain Museums* befindet sich ebenfalls in einem historischen Gebäude: Schloss Bruneck, unmittelbar über der Stadt Bruneck auf einem Hügel gelegen, im 13. Jahrhundert erbaut und einst fürstbischöflicher Sommersitz, wurde in den letzten zwei Jahrhunderten auch als Kaserne, Gerichtsgefängnis und Schule genutzt. Heute beherbergt es das *MMM Ripa*. »Ri« bedeutet im Tibetischen Berg, »Pa« Mensch – es geht also um die Bergvölker und die Erfahrungen jener Menschen, die seit Jahrtausenden in den Bergen leben.

Das Schloss selbst liefert noch heute Zeugnisse verschiedener Um- und Zubauten aus unterschiedlichen Stilepochen: gotische Gewölbe, eine freskierte Hauskapelle aus dem 16. Jahrhundert, Räume aus Renaissance und Barock sowie Dekorationsmalereien im Innenhof sind erhalten geblieben. Saniert und mit architektonischen Ergänzungen als Museum adaptiert wurde es von der Pustertaler Architektengemeinschaft EM2 – von Kurt Egger, Gerhard Mahlknecht und Heinrich Mutschlechner. Sie berücksichtigten dabei alle Bauzeiten und schufen durch die Erweiterung des Untergeschosses des Zwingers (entlang der westlichen Umfassungsmauer) zusätzlichen Ausstellungsraum. Die notwendigen Zubauten setzen sich auch hier bewusst von den historischen Gemäuern ab, indem sie in hellgrau gebeiztem Holz oder modernen Materialien wie Glas und Stahl ausgeführt worden sind. Die verschachtelte Architektur beherbergt neben den Ausstellungsebenen einen Veranstaltungs- und Wechselausstellungsraum, Kinosaal, Kiosk und ein Restaurant. Jedes Jahr sollen andere Bergvölker vorgestellt und Menschen eingeladen werden, von ihrem Leben im Gebirge zu berichten, sodass ein kultureller Austausch entstehen kann.

»Das Erbe der Berge« hat Reinhold Messner im Zuge seiner Reisen in die entlegensten Berggebiete der Welt zusammengetragen. Anhand zahlreicher Exponate aus der Alltagskultur verschiedenster Bergstämme macht er den Museumsbesuchern begreiflich, dass sich alle Bergbewohner trotz geografischer Entfernungen – von den Alpen bis in den Himalaja – in ihrer Lebensweise ähnlich sind. Und wie schwierig es in Zeiten der Rationalisierung, der Erschließung und des Tourismus ist, diese Lebenshaltung zu bewahren. Neben den Nomaden dieser Erde, von den Jurten mongolischer Hirten bis hin zu einem Biwak moderner Bergsteiger, sind auch die lokale Bergkultur in Form einer »Selchkuchl« und detailgetreuer Modelle von Bergarchitekturen zu bestaunen. Dabei symbolisieren immer Türen der jeweiligen Bergvölker den Eintritt in eine andere Kultur. Auch die Südtiroler sind »Bergler« und vom Schlossturm aus sind sowohl der Kronplatz, das größte Skigebiet des Landes und bald Standort des *MMM Corones*, als auch die Bergbauernhöfe des Pustertals gut zu sehen. Der passende Ort einer Begegnungsstätte der Bergkulturen.

Hier, in Bruneck, ist Caroline Gasser aufgewachsen. Und das hat sie wohl geprägt: In einer Großstadt möchte sie nicht leben müssen, sie liebt die Natur – sogar während ihres Studiums der Anthropologie wohnte sie auf dem Land. In der Emilia Romagna, zwischen Modena und Bologna. Nach ihrem Uniabschluss kehrte sie zurück in ihr Heimatstädtchen und arbeitete im Schmuckgeschäft ihres Vaters. Bald stellte sie jedoch fest, dass sie diese Tätigkeit inhaltlich nicht interessierte, geschweige denn forderte, und dass die auf Dauer nichts für sie ist. Als sie hörte, dass Reinhold Messner ein Bergvölkermuseum plante, erkannte sie daher sofort, dass das ihre Chance war: ein herausfordernder Job in ihrem Wissensbereich und noch dazu zu Hause, in Südtirol! Sogleich bewarb sie sich und erhielt kurz darauf einen Anruf von Reinhold, der erklärte: »Für Bruneck ist es noch viel zu früh, aber wir suchen gerade für das *Dolomites* am Monte Rite jemanden. Wäre das nicht etwas als Übergang?« Caroline überlegte und sagte

zu. Schlussendlich aber kam es anders: Marianne Emmler fand sich als langfristige Mitarbeiterin für das *MMM Dolomites* und Caroline fungierte daraufhin als Springerin, wo immer sie gebraucht wurde: auf Juval als Führerin, am Monte Rite als Urlaubsvertretung sowie auf Sigmundskron als Mädchen für alles. »Ja, ich war der Joker für überall – außer in Sulden, dort arbeitete ich nie. Auf diese Weise habe ich einen umfassenden Einblick bekommen, viel gelernt und war auf meine spätere Rolle im *Ripa* bestens vorbereitet«, stellt sie schmunzelnd fest.

Auf Schloss Juval wohnte sie einige Herbstmonate lang, eine schöne Erfahrung für sie: »Umgeben von Nebel aufzuwachen, diese Abgeschiedenheit dort oben zu erleben, das war schon toll. Und dass du gezwungenermaßen immer nur die gleichen fünf, sechs Leute siehst, die alle ihre Gewohnheiten und Tagesabläufe haben: So wusste ich bald, dass die eine Nachbarin jeden Abend den Hügel herauf spaziert, um die Katzen zu füttern, und der andere Nachbarsbauer morgens auf die Minute genau mit der Milch vorbeifährt. Das Führen allerdings war nichts für mich: Auch wenn ich den Otto als großes Vorbild beobachten und sehen konnte, wie wundervoll er das machte und jede Führung erneut mit großer Freude begann, habe ich das einfach nicht hinbekommen, es war zu monoton für mich«, erzählt sie mit ihrer tiefen Stimme. Caroline lässt sich Zeit beim Sprechen und sich auch sonst nicht leicht aus der Ruhe bringen. Die zierliche Frau weiß ganz genau, was sie will.

Im März 2011 war es dann schließlich so weit: Die Sanierung war abgeschlossen und das Einrichten und Gestalten des *MMM Ripa* begann – »das war ja eigentlich der Grund, warum ich mich beworben habe. Das war für mich vom ersten Moment an das Interessanteste. Ich wollte beim Einrichten dabei sein, unbedingt! Es war eine sehr kurze, sehr intensive Zeit: Im März war noch nichts da und im Juli haben wir aufgesperrt. Es war toll, wenn auch teilweise schwierig, weil man sich ja Gedanken macht, gewisse Vorstellungen hat, diese sich aber nicht immer ganz umsetzen lassen. Wir waren jedoch ein super Team, Robert, Lorenzo und ich, absolut. Der Reinhold kam immer wieder vorbei, in den Tagen dazwischen aber versuchten wir seine Ideen und Anweisungen, die er in fünf Minuten entschieden hatte, weiterzugestalten. Seine Zeit war begrenzt und so wollte er manchmal in weniger als einer Stunde einen Raum komplett eingerichtet haben, was natürlich nicht ging. Diese Ungeduld aber hat er als Charaktereigenschaft bei jeder Arbeit, glaube ich. Mir gefällt gut an ihm, dass er sich zwar so gibt, als ob er ganz überzeugt und stur wäre, dass er im Endeffekt aber für jeden Vorschlag, der ihm intelligent vorkommt, offen ist. Und seine Meinung auch ändern kann, das finde ich wichtig und das ist schön. Der Reinhold ist ein anarchischer

Chef: Es gibt so gut wie keine vorgegebenen Linien, in denen man sich bewegen und verhalten muss; das schätze ich als nicht gerade regelfreudiger Mensch sehr, das sind ungewöhnliche Freiheiten! Und das ist auch bei meiner zweiten Chefin, wenn ich an die Ruth denke, so.«

Heute führt Caroline das *MMM Ripa*, verantwortet die Ausstellungen – gehören Texte neu gedruckt, müssen die Textilien pflegebehandelt werden, was sollte neu gemacht werden, können Anregungen von Besuchern integriert werden? –, kümmert sich um die Besucherbetreuung – hält auf Anfrage gerne Gruppeneinführungen oder spezielle Kinderführungen für Schulklassen –, versucht auf das Museum aufmerksam zu machen und kümmert sich um alles Bürokratische und um Verwaltungsfragen. Gerade jetzt, nach einem Bürgermeisterwechsel in der Gemeinde, ist da einiges zu tun: »Jeder versucht nun sein Revier neu abzustecken. Also müssen wir das halt auch, da muss man durch … Ich drohe im Notfall immer mit dem Reinhold, dann geht's schon.«

Sie setzt sich für »ihr« Museum ein, das stärkste Haus ist für sie aber dennoch das *MMM Firmian*: »Dieser Rundgang durch die alten Gemäuer voller großformatiger Bilder und schönen Ausstellungsstücken ist für mich mit dem Sich-selbst-bewegen und dem Sich-verlaufen in Türmen, wo man sich nicht mehr orientieren kann und somit jedes Mal Neues entdeckt, verbunden – das ist einmalig! Dieses Begehen finde ich immer wieder höchst spannend.« Und fügt hinzu: »Aber natürlich gefallen mir alle Museen sehr gut.« Fehlt ihr etwas an ihrem Job? »Ja, manchmal fühle ich mich etwas in der Peripherie. Denn im Vergleich zum Hauptbüro auf Sigmundskron, wo sich jeden Tag so vieles tut, kann man sich hier nicht so sehr mit anderen austauschen, Ideen nur begrenzt mitdiskutieren und entwickeln.« Sie überlegt, meint dann aber, so als wäre sie selbst ein wenig erstaunt: »Ansonsten gefällt mir eigentlich alles. Alles andere ist wirklich gut!«

Einen Ausgleich zur Arbeit findet Caroline jeden zweiten Morgen in einem nahe gelegenen Reitstall, wo sie als »Stallknecht« die Tiere versorgt, bevor sie das Museum aufsperrt. Sie selbst besitzt zwei Pferde, einen Esel und zwei Hunde und kümmert sich in den warmen Jahreszeiten um einen Gemüse- und Obstgarten, dessen Pflege sie erfüllt. Sie träumt von einem eigenen Bauernhof: »Irgendwann werde ich einen finden und haben.« Eigentlich wollte Caroline Profireiterin werden, das Reiten war ihre große Leidenschaft. Ein Jahr lang versuchte sie es, merkte aber, dass es ihr zu einseitig war. Sie entschied sich daraufhin für ein Geologiestudium und stieg nach einiger Zeit auf Anthropologie um: »Ich war damals, da war ich Anfang zwanzig, mit meinem Papa in Nepal und merkte, dass es mich vor allem interessierte, wie die Menschen dort leben, warum das so ist und was für Kleidung sie tragen. Die Verhaltensart der Menschen faszinierte mich viel mehr als die geologische Beschaffenheit der Umgebung. Das war ausschlaggebend für den Studienwechsel: Mir war nämlich wichtig, dass ich mich für die Thematik begeistern kann, dass sie stimulierend ist.«

Bis vor wenigen Jahren nahm sie an Reitturnieren teil, mittlerweile hat sich das jedoch etwas gelegt. Auch weil sie mit ihrem Pferd, das nun 24 Jahre alt ist, nicht mehr in den ganz hohen Kategorien mitspringen kann. Sie bedauert es nicht: »Es ist gut, wie es ist. Das Reisen erfüllt mich mehr als das Turnierreiten.« Kürzlich war sie beispielsweise in Ecuador und hat dort die Familie des Bergsteigers Marco Cruz besucht, die vorher von Reinhold Messner ins *MMM Ripa* eingeladen worden war, um den kulturellen Austausch zu fördern. Auch deshalb und weil sie immer wieder mehrere Wochen am Stück frei hat, wenn das Museum geschlossen ist, kommt ihr ihre Arbeit entgegen. Dieses Glück ist ihr bewusst und sie schätzt es, dennoch meint sie abschließend: »Und doch ist einem auch das lange Reisen immer zu kurz.«

Rechts ~ Im *MMM Ripa* in Schloss Bruneck geht es um die Lebensweise der wichtigsten Bergvölker weltweit. Auch diese historische Anlage wurde hierfür saniert und behutsam adaptiert.

GESPRÄCH MIT EINER WISSENSDURSTIGEN: MARIA STEINER

MMM Corones – die Königsdisziplin des Bergsteigens

Ein weiteres, vorerst tatsächlich letztes Museum ist auf dem Gipfelplateau des Südtiroler Kronplatzes, dem größten Skigebiet des Landes zwischen Dolomiten und Zentralalpen, Gader- und Pustertal gelegen, im Entstehen. Hier fand in der ladinischen Fanessage die Krönung der Prinzessin und Kriegerin Dolasilla statt, deren Vater, der König des Reiches der Fanes, später als Verräter zu Stein wurde und noch heute am Falzaregopass (»falscher König«) zu sehen ist.

Das *MMM Corones*, ladinisch die Krone, wird als Krönung des Museumsprojekts der Königsdisziplin des Bergsteigens gewidmet sein: den großen Wänden des traditionellen Alpinismus, der Reinhold Messners Abenteuerbiografie entscheidend geprägt hat. Dabei soll die Alpingeschichte durch unterschiedliche Kunst- sowie Zeitzeugnisse erzählt und gleichzeitig die Entwicklung der verschiedenen Medien – von der Malerei über die Schwarzweiß- und Farbfotografie bis hin zum Film – veranschaulicht werden. Eröffnet wird es voraussichtlich im Herbst 2014. Mit der architektonischen Umsetzung ist Zaha Hadid betraut – die aus dem Irak stammende Architektin ist für ihren innovativen, kühnen und unverwechselbaren Stil weltbekannt. Der Museumsbau auf dem Kronplatz, ein verhältnismäßig kleines Gebäude, ist in mehreren Ebenen großteils unterirdisch angelegt – von außen sind lediglich der Eingangsbereich sowie zwei große

Juli 2015

Panoramafenster und eine Aussichtsterrasse sichtbar, die einen einmaligen Blick auf die Zillertaler Alpen sowie die Dolomiten und damit einen Teil der großen Wände Europas ermöglichen. Gerahmte, lebendige Bilder. Zweifellos wird auch dieses Haus von einer starken Architektur geprägt sein.

Maria Steiner wird dieses Museum führen. Die Bruneckerin weiß, wie ein Museumsbetrieb abläuft: Mehrere Jahre lang war sie für das Südtiroler Landesmuseum für Volkskunde in Dietenheim als Führerin tätig, bevor sie – gänzlich ungeplant und überraschend – zum *MMM Ripa* kam, das gerade erst in Schloss Bruneck eröffnet worden war. Eigentlich lebte und arbeitete sie damals in Mailand, war dort aber nicht wirklich glücklich, und entschied sich während eines Besuchs zu Hause spontan für zwei Monate im *MMM Ripa* auszuhelfen. Mittlerweile ist sie seit zweieinhalb Jahren da, erzählt sie, und ist nicht mehr nach Mailand zurückgekehrt: »Es gefällt mir einfach zu gut, als dass ich wieder gehen möchte!«

Ganz besonders schön findet sie, dass man sich selbst einbringen, dass man etwas mitbewegen kann: »Es ist beim Reinhold wirklich toll, dass er immer offen für Ideen und Veränderungsvorschläge ist, sie überdenkt und dann sein Okay gibt – ohne lange zu fragen, ob man das schon einmal gemacht hat, ob man das überhaupt kann. Dieser Vertrauensvorschuss macht für mich dieses einmalige Arbeitsklima aus, nur dadurch findet ein reger Gedankenaustausch statt und jeder übernimmt Verantwortung. Deshalb bemüht man sich auch, lernt immer dazu – zum Beispiel was die Themen, den Inhalt, die einzelnen Völker der Ausstellungen betrifft –, man wächst an seinen Aufgaben und ich konnte meinen Horizont in den Jahren hier ungeheuer erweitern.« Das sei weder in Dietenheim noch in Mailand der Fall gewesen, auch das Unterrichten war nicht das Wahre. Maria scheint im *MMM* zufrieden zu sein: Sie liebt ihren Job, weil er abwechslungsreich ist und ihre Meinung ernst genommen wird, doch erzählt sie auch von entmutigenden Momenten: »Wenn nicht einmal die Hälfte der Zeitungen im Land über Veranstaltungen in unserem Museum berichtet, obwohl man tut und macht und alles probiert, dann ist das sehr, sehr schwierig.«

Mit dem Museumspublikum selbst aber habe sie positive Erfahrungen gemacht, auch wenn die Besucher völlig unterschiedlich seien: »Angefangen bei denen, die fragen, ob man hier den Ötzi sehen kann, bis hin zu jenen, die den Ötzi mit dem Reinhold verwechseln und fragen: ›Ach, der lebt noch?‹ Dann gibt es solche, die nach einer Viertelstunde schon wieder aus dem Museum kommen und davon schwärmen, obwohl sie in so kurzer Zeit nicht viel davon gesehen haben können. Wieder andere regen sich auf, dass solch fremde

Kulturen in so einer alten Burg nichts zu suchen hätten oder dass es eine Frechheit sei, dass man das Schloss nicht alleine – ohne Ausstellung – besichtigen könne. Natürlich gibt es aber auch die, die bestens informiert und sehr interessiert sind. Die meisten Rückmeldungen sind positiv, das hebt die Stimmung ungemein. Genauso wie die Tatsache, dass ich selbst zu 100 Prozent hinter diesem Projekt stehe, weil ich überzeugt und begeistert davon bin.« Erst kürzlich, erzählt sie, passierte es zum ersten Mal, dass jemand fragte: »Wer ist denn eigentlich dieser Reinhold Messner?«

Maria freue sich schon ungemein auf das *MMM Corones*, sagt sie, und bereite sich darauf vor, indem sie sich durch die Alpinhistorie lese – aktuell durch »Die großen Wände« und »Vertikal«, Werke ihres Arbeitgebers. »Dieses spezifische Thema betreffend bin ich keine Expertin, doch ich bin überzeugt, dass man sich alles aneignen kann und dass das Interesse mit der Beschäftigung kommt, das packt einen dann richtig«, erklärt sie voller Eifer. Maria bezeichnet sich selbst als Leseratte und ist als Historikerin fasziniert von Geschichte jeglicher Art – im Rahmen ihrer akademischen Abschlussarbeit untersuchte sie die Historie des Landes anhand eines Südtiroler Bauernhofes aus dem 13. Jahrhundert.

Natürlich beschäftigen sie zurzeit auch praktische Überlegungen ihre zukünftigen Aufgabenbereiche betreffend: Wie wird es sein, das da oben ganz alleine zu schaukeln? Ob es für die Leute nicht zu teuer ist, die Liftkarte und einen Museumseintritt zu bezahlen? Wie man das Problem der Skischuhe lösen könnte, die manche Besucher tragen werden? Ob sich Skifahrer überhaupt für ein Museum interessieren oder ob im Sommer, wenn am Kronplatz nicht viel los ist, Hochbetrieb im *MMM Corones* sein wird? Und wie könnte man die Gäste überzeugen, immer wieder zu kommen? Man merkt, sie macht sich Gedanken. Sie möchte, dass es funktioniert, dass es gut funktioniert. Sorgen, dass es nicht gelingen könnte, macht sie sich jedoch nicht.

Auch ihr zukünftiger, doch etwas abgeschiedener Arbeitsplatz auf über 2.200 Metern schreckt sie nicht ab. Im Gegenteil, sie arbeitete bereits vier Winter lang auf dem Kronplatz, der direkt über ihrer Heimatstadt Bruneck liegt, und fuhr immer mit der Seilbahn zur Arbeit in die Skischule: »Das ist schnell ganz normal. Und es bringt Vorteile mit sich – ich freue mich zum Beispiel schon auf den Sommer, wenn ich nach einem Arbeitstag mal zu Fuß runter vom Berg und nach Hause gehen kann, das ist doch super!« In ihrer ruhigen und doch fröhlichen Art bemerkt sie, dass mit fortschreitendem Alter – sie geht erst auf die Mitte dreißig zu – die Freude an der Bewegung in der Natur zunehme, bei ihr jedenfalls. Gespannt sei sie sowohl auf das Gebäude als auch auf die Ausstellung: »Viel kann ich dazu aber nicht sagen,

Links ~ Maria Steiner sieht der Herausforderung eines »eigenen« Museums freudig entgegen. Bis das *MMM Corones* allerdings eröffnet wird, sammelt sie Erfahrung im *MMM Ripa*.

Seite 138 und 141 ~ Im *MMM Corones*, am Gipfel des Kronplatzes erbaut und von Zaha Hadid entworfen, wird die Königsdisziplin des Bergsteigens thematisiert: der traditionelle Alpinismus.

War bei Eröffnung nicht anwesend! War auch sonst wie hier!

weil ja noch nichts konkret ist und bisher nur der Rohbau steht, aber Reinhold meinte, dass in diesem Museum am meisten über ihn zu sehen sein wird, und das finde ich sehr gut. Denn viele Besucher wünschen sich etwas über ihn und nicht nur von ihm Gestaltetes. Wenn er im Ausstellungskonzept daher selbst ein wenig mehr vertreten ist, ist das sicherlich ein Publikumsmagnet. Zudem besteht bei ihm nicht die geringste Gefahr, dass es pathetisch oder aufgesetzt wirkt.«

Spricht man sie direkt auf ihren Chef an, wird sie verlegen: »Ich sehe ihn nicht oft, aber wenn er kommt, dann bin ich immer ganz …«, sie sucht nach dem richtigen Wort und sagt schließlich auf Italienisch – vielleicht, weil ihr Freund Sizilianer ist und ihr damit die italienische Sprache näher steht: »… imbarazzata«, was so viel bedeutet wie befangen. »Ich glaube, mitunter bin ich auch deshalb scheu, weil ich

hier arbeite und dadurch ein völlig anderes Bild von ihm bekommen habe: Die Südtiroler sind dem Reinhold gegenüber ja sehr kritisch – warum auch immer –, die Besucher aber idealisieren, verehren ihn teils regelrecht und das färbt wohl ein bisschen auf mich ab«, gesteht sie. Ansonsten verkörpere er für sie die Redewendung »Ein Mann, ein Wort« wie kaum jemand anderer.

Von den restlichen *Messner Mountain Museums* kennt Maria bisher lediglich das Herzstück auf Sigmundskron. Das *MMM Firmian* findet sie »sehenswert, aber nicht so rund, so kompakt, so gelungen« wie das *MMM Ripa*. Mit ihrem Bruder plant sie nun eine *MMM*-Tour: Als Vorbereitung auf ihr großes Abenteuer *MMM Corones* – von dem sie, die sonst so bescheiden und zurückhaltend ist, in einigen Monaten hoffentlich, nein sicherlich, mit noch größerem »Hausstolz« erzählt als jetzt vom *MMM Ripa*.

Vom Überleben in den Bergen

Reinhold Messner gilt als Praktiker, als Macher mit Handschlagqualität, als Visionär und außergewöhnlicher Gestalter, als Stehaufmännchen, als Choleriker und unvergleichlicher Sturschädel, als Querdenker, als Familienmensch und als freiheitsliebender Anarch, der auch anderen großzügig ihren Freiraum lässt und Vertrauen entgegenbringt – wie aus den Gesprächen mit Pächtern sowie Mitarbeitern hervorgeht. Er ist so vieles! Und er ist für viele so vieles. Für mich ist er in erster Linie jedoch Vater, mein Vater.

Mein Vater lässt sich nicht einordnen, nie ganz erfassen. Das wurde mir zum ersten Mal im Kindergarten bewusst: Wir sollten uns vorstellen und dabei der Gruppe erklären, welche Berufe unsere Väter ausübten. Bäcker, Bankangestellter, Architekt, alles war dabei. Als ich an die Reihe kam, sagte ich ganz selbstverständlich: »Mein Papa ist Abenteurer, der war bei den Pinguinen«, da er kürzlich am Südpol war. Lautes Gelächter. Also versuchte ich es erneut: »Gerade reitet er auf Kamelen durch die Wüste«, da er auf Gobi-Expedition war. Doch auch das akzeptierten sie nicht: »Du lügst, das ist doch kein Beruf!« Warum nicht? Ich war ratlos, fühlte mich in die Enge getrieben. Also überlegte ich mir eine andere Taktik, um die anderen endlich mundtot zu machen: »Und er kauft jeden Tag ein neues Haus!« – damals hatten meine Eltern die Wohnung in Meran und den Bauernhof in Sulden erworben. Am Ende des Tages nahm die Kindergartentante meine Mutter beiseite und meinte, sie solle doch mal mit mir sprechen, ich hätte eine etwas zu lebhafte Fantasie. Vielleicht lässt ja das folgende Gespräch einige Facetten der Persönlichkeit, der Lebenshaltung, Begabungen und Tätigkeiten meines Vaters etwas greifbarer und verständlicher werden.

Magdalena Messner: Papa, mit dem Selbstversorgertum bist du bereits in deiner Kindheit in Berührung gekommen, da du in einem kleinen, abgelegenen Tal aufgewachsen bist, wo die Bauern die angesehenen und wohlhabenden Bürger waren. Was hat dich an der bäuerlichen Kultur so fasziniert: Dass die Bauernkinder genügend zum Essen und ein gesichertes Erbe oder ihre Väter das Sagen im Tal hatten und damit in Freiheit lebten?
Reinhold Messner: Du nimmst mir ja alles schon vorweg. *(lacht)* Was mich fasziniert hat, war vor allem ihre Möglichkeit, alles selbst zu entscheiden. Im Grunde war jeder Bauernhof wie ein Staat im Staate und der Bauer, natürlich war das ungerecht, war der Leader. Die anderen hatten zu gehorchen, da wurde nicht abgestimmt. Der Bauer aber übernahm die Verantwortung für diesen Clan: Das heißt, die Knechte, die Mägde, die Familie, die wurden alle ernährt. Die Landwirtschaft wurde so gestaltet, dass von allem genügend da war. Dass das Ganze dann eingebettet war in eine ziemliche Bigotterie, das war eine Sache, die mir nicht gefallen hat. Denn die widerspricht eigentlich dieser autarken und selbstbestimmten Lebensart, die mich nach wie vor begeistert.

Was interessant ist: Unsere Familie funktioniert genau gegenteilig – da können alle mitreden, mitentscheiden, das läuft völlig demokratisch ab.
Das wollte ich ganz bewusst so. Die Verantwortungen sind bei uns ganz selbstverständlich verteilt, es gibt keinen Leader. Trotzdem ist unsere Familie in sich autark, hat ihre eigenen stillschweigenden Übereinkünfte, was wie gemacht wird, und die Kinder haben, wenn sie halberwachsen werden, völlige Freiräume, ihre Visionen zu leben oder zu entwickeln. Und natürlich sind wir Demokraten.

Zurück zu deiner Kindheit bzw. deinen Jugendjahren. Du hast ja viel in der heimatlichen Hühnerzucht helfen müssen …
Ja, also wir, meine Geschwister und ich, haben in der Hühnerzucht geholfen – das ist meine primäre Erfahrung als Landwirt. Wir haben eine Kaninchenzucht und eine Hühnerzucht gehabt. Die Hühnerzucht war relativ groß: Mit Tausenden von Küken, die im Jahr verkauft wurden; mit Tausenden von Hühnchen, die geschlachtet wurden; mit in der Summe wahrscheinlich zigtau-

senden Eiern, die verkauft wurden. Das war das zweite wirtschaftliche Standbein unserer Familie. Unser Vater hätte das gar nicht machen können ohne die Kinder, die schon im frühen Alter mitgeholfen haben. Zudem hatte er noch einen Hintergedanken dabei: Wir sollten etwas Sinnvolles zu tun haben – auf dass wir nicht auf dumme Gedanken kämen! – und nicht privilegiert sein im Verhältnis zu den Bauernkindern, die ja in unserer Nähe gewohnt haben, die mit uns in die Schule gingen und die zu Hause ebenfalls mithelfen mussten. Es sollte nicht so aussehen, dass diese Lehrerbuben nichts tun, ein anderes Leben führen würden. Es ist sehr interessant, dass die Kinder jener Familien, die ähnlich strukturiert waren wie wir – die also auch keinen Bauernhof, sondern ein eher städtisches Leben geführt haben –, später alle abgestürzt sind. Die hatten ein zwanzigfaches, nein hundertfaches Vermögen von uns – alles weg!

Warum?
Die haben überhaupt nicht gelernt, sich im Leben zu behaupten oder durchzusetzen.

Wie war das bei dir? Hast du denn die Arbeit mit den Hühnern gerne gemacht oder nur, weil es getan werden musste?
Nein, das mussten wir machen und damit war es schon eine negativ besetzte Tätigkeit. Natürlich hatten wir auch eine Verantwortung, denn es war klar: Wenn ich die Hühner nicht füttere, dann verhungern sie; wenn ich die Eier nicht rechtzeitig heraushole, dann machen sie sie kaputt; wenn der Stall nicht dann und wann ausgemistet wird, dann stinkt es so, dass es nicht durchstehbar ist. Es war eine Verpflichtung, es war auch eine Verpflichtung dem Geflügel gegenüber, aber es war immer ein Zwang! Wir hätten natürlich lieber gespielt oder wären Ski gefahren, aber das war ganz genau festgelegt. Es war eben kein klassischer Bauernhof, wo jeder seine Position hatte, sondern bei uns waren Freizeit und Arbeit eingeteilt. Ähnlich wie in der arbeitenden Gesellschaft, in der Zivilisation. Die klassische Arbeitsteilung, die ja erst 150 bis 200 Jahre alt ist, wenn man von England ausgeht, ist nicht nach meinem Geschmack – arbeitsteilig zu arbeiten oder zu gestalten ist nicht meine Welt.

Ihr wart ja im Sommer viel auf der Alm, besonders auf Gschnagenhardt, und damit weg aus dem engen Leben unten im Tal …
Wir sind schon früh auf die Alm, wo die Eltern regelmäßig ausspannten, mitgenommen worden. Und haben das sofort mit Leidenschaft weitergeführt: Auf die Alm zu gehen, von dort Ausflüge zu unternehmen, dort archaisch zu leben, anders zu leben, das liebten wir. Da gab es ja nur die praktischen Notwen-

Links ~ Die Kindheitswelt meines Vaters war eine völlig andere als heute: Damals gaben die Bauern den Ton an, sie waren die Vermögenden im Tal und trafen die wichtigen Entscheidungen.

Seite 142 ~ Reinhold verwirklichte zwar nur einen Bruchteil seiner Ideen, wie er selbst sagt, doch brachte und bringt er viele Projekte ins Rollen. Auch gibt er nicht auf: wie Sisyphos, der ewige Rebell.

Seite 143 ~ Mein Vater und ich diskutieren sehr gerne – über das *Messner Mountain Museum*, Politik, Gott und die Welt. Am allerliebsten auf Schloss Juval, wo wir zwar nur im Sommer zu Hause, aber dennoch verwurzelt sind.

digkeiten: Wir haben Wasser und Holz geholt, denn es gab in der Hütte kein fließendes Wasser und der Ofen musste versorgt werden; wir haben Tiere entdeckt, die wir nicht geschossen, sondern nur beobachtet haben; und wir haben Beeren und Pilze gesammelt. Wir haben uns dabei nicht gestritten, wer was übernimmt, das haben wir alles selbstverständlich aufgeteilt. Dabei handelte es sich ja nur um Minuten pro Tag, nicht um halbe Tage. Das war dem Leben der Urmenschen ähnlich und das hat uns gefallen.

Habt ihr, als ihr älter wurdet – denn du hast ja auch sehr lange bei den Hühnern geholfen, weil du einspringen musstest –, etwas dafür bekommen?
Nein, wir haben nur Geld bekommen, wenn wir die Hühner gerupft haben und diese direkt verkauft worden sind. Die Gastwirte – wir haben ja fürs Gasthaus 80 Hühner gerupft und am Wochenende geliefert, als Sonntagsküken fürs Hauptgericht – haben uns fast alle, wenn wir diesen riesigen Haufen hingebracht haben, etwas zugesteckt. Zudem haben wir nicht nur bei uns die Hühner gerupft und geschlachtet, sondern auch beim Pfarrer zum Beispiel, der hatte so um die 50 Hühner, und im Gasthaus, an das ein Hof angegliedert war. Das heißt, wir wurden dann sozusagen gerufen als …

… Experten?
Genau. Man sagt im Dialekt »auf der Stör«, dass man eben wo hingeht und dort seine Tätigkeit verrichtet. Dafür wurden wir natürlich bezahlt und auch verköstigt. Das war dann eine Ausnahme in der Woche.

Du hast dich mit deinem Vater nach deinem nicht bestandenen Abitur überworfen – ist es bezeichnend, dass euer Streitgespräch ausgerechnet im Hühnerstall stattfand?
Ich war zufällig im Hühnerstall, aber dass ich in dem Alter – ich war ja schon volljährig, das war man mit 21 – noch im Hühnerstall gearbeitet habe, wundert mich sowieso …! Ich hatte damals jedoch schon meine Freiräume, weil ich viel mehr als die anderen auf den Berg ging. Vor allem Günther und ich sind damals viel im Gebirge unterwegs gewesen und hatten unsere eigene Welt, denn die anderen konnten diese extremen Touren gar nicht nachempfinden. Die wussten auch gar nicht so genau, was wir alles machten.

Aber ihr durftet gehen?
Ja, wir sind viel mehr weg gewesen als die anderen. Also, gehen durften wir alle einmal oder zweimal in der Woche oder am Wochenende. Wir sind oft alle gemeinsam geklettert, zu fünft oder

sechst, so mittelschwere Sachen. Aber die extremen Sachen haben nur wir zwei gemacht. Das hat uns dann mit der Zeit auch völlig weggezogen von dieser Arbeit. Dennoch haben meine Eltern lange Zeit gemeint, ich sollte den Geflügelhof übernehmen, weil ich ja sonst nichts könnte.

Ernsthaft?
Ja! (*lacht*)

Und das hast du in Erwägung gezogen?
Nein, nie! Aber ich habe natürlich mit 15 oder 20 auch nicht gedacht, dass ich Abenteurer werden oder Bücher schreiben könnte. Wir wurden ja nicht so erzogen, dass die Eltern gesagt haben: »Das packst du schon, das kannst du schon – wenn du gerne kletterst, dann klettere halt, du brauchst sonst nichts zu tun.« Sondern es wurde immer gesagt: »Wir haben nicht die Voraussetzung, dass wir in der Welt herumfliegen; wir haben nicht die Voraussetzung, dass wir ohne Studium das Leben meistern können; wir haben nicht die Voraussetzungen, um Bücher zu schreiben, weil das nur die Intellektuellen tun.«

Und auch nicht die Voraussetzung, ein Schloss zu kaufen, wie
du es später getan hast? Das hat dein Vater ja auch nie gutgeheißen, oder?
Stimmt, aber er hatte von meinen finanziellen Möglichkeiten keine Ahnung.

War es nicht eher so, dass du gegen die Konvention verstoßen hast?
Oh doch, das auch! Es hatte natürlich auch damit zu tun, dass für ihn ein Schloss nicht zu einem bescheidenen Bergdorf-Dasein passte – wir waren ja nicht Bauern. Ein Bauer hat damals viel mehr Möglichkeiten gehabt, sich einen größeren Hof oder ein Schloss zu kaufen als ein Kind eines Lehrers. Nur hätte ein Bauer nie ein Schloss gekauft, weil ihn das lediglich belastet und daher nicht interessiert hätte. Ich habe es ja auch getan, weil ich ein Interesse an Kulturgütern hatte. Ich habe schon früh angefangen, bäuerliche Möbel zu sammeln. Eine Sammelleidenschaft habe ich schon immer gehabt.

Kommen wir zu deinen Bauernhöfen: Warum hast du die gekauft? Denn ein Sicherheitsdenken alleine kann es nicht gewesen sein – da hätte ein Hof gereicht, mittlerweile besitzt du aber drei.

Ja, aber zuerst einmal: Ich habe, bis ich 40 war, so ziemlich in die Jahre hineingelebt. Mit kühnen Ideen, mit Schwierigkeiten, diese zu finanzieren und mit sehr viel spielerischem Mut. Aber ich war immer sicher: Alt werde ich nicht dabei. Nicht, dass ich es herausgefordert und gesagt hätte: Wenn ich umkomme, ist es mir egal. Das war nie der Fall! Aber ich habe irgendwie keine Notwendigkeit gesehen über 40 hinauszuschauen. Und mit 40 waren für mich die Abenteurer alle unbrauchbar …

… und alt?

Und alt. Genau, ich inklusive. Ich dachte, früher oder später werde ich auch 40 sein. Wenn ich es überlebe, dann ist das vorbei. Aber was ich dann tun würde, war mir in der Zeit nicht wichtig. Als ich den Hof 1986 kaufte, da war ich schon 42 Jahre alt, hatte die Achttausender bereits hinter mir und mir wurde plötzlich klar: Wahrscheinlich werde ich sogar das Rentenalter erreichen! Doch ich hatte ja in keine Rentenkasse einbezahlt – bis auf die wenigen Jahre, die ich als Lehrer gearbeitet hatte. Heute wird das alles hochgerechnet, aber das macht auch nichts aus: Da bekomme ich für die Lehrerzeit vielleicht 100 Euro im Jahr, wenn überhaupt. Aber das habe ich damals überhaupt nicht bedacht. Deshalb habe ich mir dann, nachdem ich nicht mehr so viele Expeditionen gemacht und damit auch mehr Geld gehabt habe – weil ich mehr Vorträge hielt und mehr Erfolg hatte –, einen Bauernhof gewünscht. Erstens, weil das ein Kindheitswunsch von mir war, und zweitens, weil ich einem Selbstversorgerhof mehr Sicherheit zutraute als irgendeinem Papier auf der Bank, einer Lebensversicherung oder was auch immer. Die Vorstellung, dass ich mit 40 anfangen würde, einen Achtstundentag zu machen, mit Stechuhr und einem gehobenen Job in der Landesregierung zum Beispiel, war für mich undenkbar. Das hätte ich nie getan! Ich war inzwischen so infiltriert von meinem selbstbestimmten, selbstbewussten Leben, dass ich das einfach in andere Sparten übertragen und so weitergemacht habe, mir mit dem Bauernhof die Sicherheit dazu geholt habe. Denn das Schloss, war mir immer klar, kostet nur Geld. Nachdem es gerichtet, wieder bewohnbar war, wusste ich: Das kann ich ein Leben lang halten, auch erhalten, das ist kein Problem für mich, die großen Ausgaben sind gemacht. Doch beim Bauernhof stand das noch aus, der musste erst wieder funktionsfähig gemacht werden. Das ist mir gelungen, zusammen mit einem Mitarbeiter. Wobei ich selbst sehr viel mitgearbeitet und daher nicht allzu viel Geld reingesteckt habe.

Du sprichst jetzt von Oberortl?

Ja. Unterortl gehörte anfangs ebenfalls dazu, weil es ursprünglich nur ein Hof war, doch ich habe ihn später geteilt, da es für mich immer zwei Bauernhöfe waren. Unterortl habe ich am Beginn leer gelassen, weil mir die Mittel fehlten. Dann habe ich jedoch das Feuerhaus verkauft und mit diesem Geld angefangen, in den Hof zu investieren, ihn zu richten. Das ist nicht so sehr eine Selbstversorgergeschichte, sondern viel eher eine Frage von: Was ist die beste Kultur, die man dort anlegen kann, damit sich der Hof auch selbst trägt? Dort hatte ich kein konkretes Interesse, selbst Hand anzulegen, dort habe ich nur gewartet, dass jemand kommt und sagt: »Ich mache dir da was.« Und so war es dann auch: Die Investitionen in den Hof – die Gebäude, die Keller, die Anlagen – habe hauptsächlich ich getätigt, Martin Aurich aber hat die Arbeit gemacht sowie das Know-how eingebracht. So haben wir uns die Arbeit geteilt und etwas Großartiges ist entstanden. Ganz anders als Oberortl, der ad hoc als reiner Selbstversorgerhof bewirtschaftet werden könnte. Auch wenn die Schölzhorns, die das sehr gut machen, im Moment keine Milch und kein Getreide produzieren, doch Holz und Obst und Fleisch und Gemüse, das ist alles schon da.

Damit der Oberortlhof aber so wurde, wie er heute ist, gerade als Weiler, musstest du teils sogar gegen Gesetze verstoßen und hast gegen alle möglichen bürokratischen Hindernisse gekämpft – was war da am entnervendsten? Und hast du einmal gedacht: Jetzt schmeiße ich das hin, ich lasse das jetzt?

Nein, das nie, doch mit den Handicaps begonnen hat das generell schon beim Schloss. Das war neu für mich, denn ich habe relativ jung in Villnöß bereits ein Haus gekauft. Ein altes, vernachlässigtes Pfarrhaus, das ich im ladinischen Stil mit möglichst kleinem Aufwand sanierte und das dadurch Stil hatte, obwohl es vorher eine Bruchbude war. Das ging reibungslos und sehr günstig vonstatten. Ich habe damals viel selbst gemacht und meine Kletterkameraden von Villnöß haben mir dabei geholfen, die waren handwerklich geschickt, doch natürlich brauchte es auch ein paar Handwerker. Als ich mir dann das nächste größere Objekt zulegte, eben Juval, da war schon die Zeitung hämisch: »Der Bergsteiger kauft sich ein Schloss!« Die ganze Szene der Bergsteigerei hat daher, ja, sagen wir, die Nase gerümpft. Auch war das Denkmalamt aufgrund meines Rufes als Anarch zu Beginn skeptisch, ob ich die Renovierung sauber nach den Gesetzen machen würde – heute sagen alle, das sei vorbildlich, aber damals musste ich lange beweisen, dass ich das gut kann. Als ich dann die Höfe dazukaufte, war vor allem der Bürgermeister, ein sehr alter Bürgermeister, irgendwie unglücklich mit der Tatsache, dass ich nun der Besitzer war. Deshalb wurde herumkritisiert.

Weil du kein Bauer warst oder warum?

Man hat mich nicht Bauer sein lassen. Obwohl ich kein festes Einkommen hatte, nur ein sporadisches. Man hat mir unterstellt, ich könne das nicht und ich würde das nicht hauptberuflich machen, obwohl ich sehr viel von meiner Zeit in den Hof gesteckt habe, auch viel Geld. Und als ich dann nach alten Stichen und nach alten Fotos, die wir hatten, den Hof wieder so aufgebaut habe, wie er war, hat man mir bestimmte Genehmigungen einfach nicht gegeben. Deswegen habe ich einige Sachen gegen die lokalen Baugesetze gemacht. Ich muss dazu sagen: Der Bürgermeister hatte nicht den Mut ein Verfahren gegen mich anzuzetteln. Aber man hat mir dann, als ich das Verwalterhäuschen unterm Schloss hergerichtet habe, ein Abbruchverfügungsverfahren angehängt.

Das bedeutet?

Dass ich es niederbaggern sollte.

Das ganze Baumannhäuschen?

Ja. Und unsere Nachbarn, auch im weiteren Kreis, haben nicht etwa ausgesagt, dass das immer ein Wohnhäuschen war. Nein, sie haben alle gesagt, das sei ein Stadel oder ein Stall gewesen. Das war es auch einmal, aber es war eindeutig zu sehen, dass es vorher das Baumannhäuschen gewesen ist – da waren ja zum Teil noch Getäfle drinnen! Ich hatte damals noch nicht die Unterlagen von Dr. Steurer, der ein Dokument gefunden hat von Siebzehnhundert-Irgendwas, wo schwarz auf weiß steht, dass in diesem Häuschen der Verwalter des Schlosses leben darf. Mit dem Schrieb hätten sie mir nichts mehr anhaben können. Am Ende haben sie einfach nachgegeben.

Mittlerweile steht Oberortl unter Ensembleschutz.

Ich finde es sehr lustig, dass das, was früher beanstandet worden ist, nach 30 Jahren zum Ensembleschutz geführt hat. Denn es stand nicht vorher schon unter Ensembleschutz, sondern ist erst jetzt – nachdem ich es saniert, rund gemacht, zu einem kleinen Weiler gemacht habe, ganz so wie früher die Bauernhöfe waren – unter Ensembleschutz gestellt worden. Das ehrt mich. Und ich sage nicht, dass damit frühere Verwaltungen lächerlich gemacht sind, doch die Bürokratie in Südtirol darf sich das nicht auf den Hut schreiben.

Du hast es bereits vorhin kurz anklingen lassen: Verdienen tut man mit oder an den Höfen als Verpächter nichts, ganz im Gegenteil, man muss ja laufend investieren, damit das Ganze auf dem neuesten Stand bleibt. Warum machst du es trotzdem?

Die Philosophie von Maria Theresia war: Ein Bauernhof soll so groß sein, dass er eine Familie ernährt. Als solcher darf er weder verkleinert noch verändert werden, er darf nur an einen Erben weitergegeben werden. Das ist eine großartige Idee, finde ich! Nur so war es möglich, die Berglandwirtschaft zu erhalten. Wenn ich jetzt von den Pächtern mehr Geld wollte, dann könnten die das nicht mehr machen – das sind ja auch Familien, die davon leben müssen. Natürlich habe ich bei allen Höfen bisher nur Geld verloren, aber ich habe dafür dieses gute Gefühl: Ich kann im Notfall sofort mit meinen Pächtern auf dem Hof überleben. Das ist meine Emotion. Und nachdem wir generell eine Geldentwertung in den letzten fünfzig Jahren in Europa hatten, habe ich am Ende wohl doch nichts verloren, denn das wird sich ungefähr ausgleichen. Aber verdient habe ich sicher nichts. Allerdings gibt es kein stärkeres Sicherheitsgefühl, als einen eigenen Bauernhof in vielen möglichen Krisen zu haben. Natürlich, ein Bauernhof unten im Tal wäre einträglicher und auch sicherer, aber auf dem Berg oben ist er einfach schöner. Und vor allem ist das DIE Bauernkultur! Ich bin in diesem Fall auch ein Kulturträger, ich will genau diese Methode, wie die Südtiroler Bergbauern jahrtausendelang überlebt haben, weiterpflegen. Und meine Pächter müssen mir, wenn sie die Höfe gut machen, nur so viel abgeben, dass ich die Steuern und die Instandhaltung finanzieren kann. Ich werde nie auf den Bauernhöfen Geld abholen, um zu überleben. Aber ich werde, wenn ein Notfall eintritt, mit meinen Pächtern die Sicherheit teilen. Dabei müssen sie nicht gehen, keiner muss gehen – je mehr auf einem Hof arbeiten, desto mehr können davon leben.

Sag, Papa, was, denkst du, müsste Südtirol machen, um eine Vorreiterrolle einzunehmen in der Erhaltung dieser alten Bergbauernkultur? Meinst du, das wird schon gut umgesetzt oder wurden Fehler gemacht?

Nein, im Hinblick auf die Bergbauernkultur haben unsere Politiker sehr gut gearbeitet. Vor allem der vorige Landeshauptmann, Luis Durnwalder, mit seiner Strategie, jedem Hof, der bewirtschaftet wird und nachhaltig funktioniert, eine Straße zuzusichern. Fast jeder Hof hat mittlerweile einen Zufahrtsweg, es sind die letzten dabei, wie der Saxalber im Schnalstal zum Beispiel. Zudem hat er relativ viel Geld locker gemacht, sowohl in der EU als auch im Südtiroler Landeshaushalt, um den Bauern ein Auskommen zu garantieren. Die allermeisten Höfe sind aber keine Selbstversorgerhöfe mehr, sondern betreiben eine industrielle Milchlandwirtschaft.

ernhöfe sind größer, haben aber nicht diese extreme Lage wie unsere Südtiroler Bergbauern, so hohe Höfe, so schwierige Situationen gibt's dort kaum. In Nordtirol gibt es ähnliche Situationen, aber ich glaube, dass die kühnste Landwirtschaft im Gebirge bei uns ist, in Südtirol. Wir sind ja auch am Südhang der Alpen, wo man viel höher hinauf anbauen kann und auch noch lange in den Herbst hinein noch Weideflächen hat sowie im Frühling bereits früh wieder anfangen kann. Deswegen sind wir schon eine Art Prototyp bzw. Vorbildgegend, um zu zeigen, wie man die höheren Regionen der Alpen weiterhin pflegen könnte. Denn diese Bauernhöfe müssen gepflegt werden; wenn das nicht geschieht, dann rutscht die Erde runter, dann verstraucht das Ganze, dann ist die Landschaft nicht mehr kleinräumig strukturiert, in Jahrtausenden von Menschenhand gemacht, sondern dann wird es zur Monokultur. Bauern haben dort gerodet, wo man gerade noch arbeiten konnte und diese gerodeten Flächen, durch menschliche Eingriffe entstanden, sind heute Kulturlandschaft.

Unsere Kraft als Tourismusland liegt darin, dass die Summe von Kulturlandschaft – also kleinräumiger, bearbeiteter, gepflegter Kulturlandschaft – und diese wilde Berglandschaft darüber – Kare, Gletscher, die Wände, die Felsen –, dass das eine Einheit ergibt, die unverwechselbar ist. Nur die eine Hälfte ist nicht viel wert und nur die andere Hälfte auch nicht. In der Summe dieser beiden Kulturlandschaften steckt im Grunde die Unverwechselbarkeit und die Kraft. Und deshalb bin ich auch der Meinung – ich war lange Zeit nicht so eindeutig dieser Meinung –, alle von Menschen je bearbeiteten Flächen, auch die Wälder, müssen weiterhin gepflegt und bearbeitet werden. Nachdem der Bergbauer heute nicht mehr fünf Mägde und drei Knechte hat, muss er sich mit Maschinen behelfen können. Wenn das nicht möglich ist, beispielsweise in Form einer Hinauffahrt auf die Alm mit seinen Habseligkeiten, dann lässt er es bleiben und die Kulturlandschaft geht kaputt. Deswegen war die kapillare Erschließung bis dorthin, wo gearbeitet wird, wichtig. Die Bauern sollen die Möglichkeit haben, sich heute mit ihrer Selbstversorgerei an den Tourismus anzuhängen, sich mit dem Tourismus zu verzahnen und die überschüssigen Produkte, selbst veredelt, vor Ort zu verkaufen. Das heißt, der heutige Selbstversorgerbauernhof, wie wir ihn auf Oberortl betreiben und der sich nicht in die industrielle Landwirtschaft einklinkt, kann nur überleben, wenn man einen Schlüssel findet, den Hof mit dem Tourismus zu verbinden. Und damit sind wir wieder dort, wo die beiden Tätigkeiten sich stützen. Deswegen ist es richtig, dass der Bergbauer genügend Ferienwohnungen machen kann, auf dass er

Oder auch eine Apfelmonokultur.
Aber das sind die Talbauern, das sind keine Bergbauern. Die haben zwar dieselben Regeln, aber das ist nicht das gleiche. Die Talbauern, die Weinbauern und die Apfelbauern rechne ich nicht zu dieser Kultur des durch Maria Theresia gewachsenen Selbstversorgerhofes, der nur einem Kind übergeben wird, dazu. Das ist viel industriellere Landwirtschaft, das ist etwas anderes. In unserer Bergbauernlandwirtschaft stehen wir sehr gut da, unsere Bauern kriegen mehr Geld für die Milch als Bauern in Bayern oder Nordtirol – bisher jedenfalls. Die bayrischen Bau-

Oben - Schottische Hochlandrinder hielt mein Vater über mehrere Jahre. Bis er einsehen musste, dass sie für die steilen Wiesen Juvals zu schwer sind und das Kreuzen mit Yaks nicht funktioniert.

seine Produkte unterbringt und die Familie, die jetzt keine Milch, die kein Fleisch mehr in der Masse verkauft, mit den veredelten Produkten – dafür wird man ja auch honoriert – überleben kann. Das ist eine neue Form, aber sie ist an die alte Form fast zu 99 Prozent angepasst: Nicht mehr die Knechte und Mägde essen mein Getreide, mein Fleisch und meine Butter, sondern die Gäste. Und natürlich braucht es weniger Leute zur Herstellung diese Produkte, weil es inzwischen teils maschinelle Hilfe gibt.

Du bist jedoch nicht nur in der alternativen Landwirtschaft ein politischer Vordenker, sondern ebenso bei alternativer Energie. Ich glaube, du warst einer der ersten, der auf einem Bauernhofdach Solarplatten installieren ließ.
Nein, das war damals schon öfter der Fall ... Und die Solarplatten dienten ja nicht dazu, um Elektrizität zu gewinnen, sondern um Wärme zur Warmwassergewinnung herzustellen. Aber wir waren früh dran, das zu machen, das stimmt. Ich hätte auch früh schon irgendwo ein Windrad aufgestellt, wenn man mich gelassen hätte. Jetzt aber warte ich noch auf eine Technologie, die das Speichern dieser Energie ermöglicht. Das heißt, mein Traum ist, irgendwann irgendwo ein Windrad zu haben, wo man die Elektrizität für Juval selbst herstellt: Untertags fließt sie sowieso, weil es immer Wind gibt, aber nachts muss man sie speichern können. Wenn das gelingt und ich dort meine Elektrizität hole, um mein Auto zu laden, dann bin ich energieautark und insgesamt nochmals unabhängiger. Aber bislang ist diese Technologie nicht reif genug und der Energieumbau, wie er jetzt passiert, ist wirtschaftlich und ökologisch völlig falsch! Das ist eine falsche, grüne Idee.

Eine Augenwischerei?
Ganz genau. Der bescheidenste, ärmste Bürger zahlt den Milliardären ihre Investitionen. Da haben sie überreagiert, die Politiker, und nicht gerechnet. Das werden sie jetzt zurückbauen.

Dieses Interesse an der grünen Politik hattest du bereits früh – du hast dich damals ja mit »Mountain Wilderness« für den Umweltschutz engagiert. Dir war es auch in deiner EU-Zeit besonders wichtig, dich für die Bergbauern einzusetzen. Konntest du etwas erreichen?
Nein. In der EU habe ich nur gelernt, wie die Politik funktioniert. Relativ schnell habe ich mit den Fundamentalisten grüner oder auch liberaler Natur gebrochen, weil ich gemerkt habe, denen ging es im Großen und Ganzen nie um die Sache, sondern nur um sich. Natürlich habe ich mitgestimmt, wenn auch nicht

immer, und ich habe auch mitdiskutiert und ein paar Papiere eingebracht. Aber ich bin am Ende ausgestiegen und habe gesagt: »Im Grunde müsste man 80 Prozent der Gesetze streichen, nicht neue und neue dazu machen!« Die ganzen Politiker, die sich alle wichtigmachen mit ihrem »Ich habe da ein Gesetz und da ein Gesetz angestoßen«, die machen nichts Positives. Das meiste ist zu viel! Und wir haben viel zu viele Regeln und viel zu wenig Europabewusstsein. Ich habe deshalb angefangen öffentliche Auftritte zu machen, um für Europabewusstsein zu werben. Einfach zu sagen: »Wenn wir nicht Europäer werden, wir Bürger von Deutschland, von Bayern, von Südtirol, von Rom, dann werden wir das nie mehr hinkriegen!« Das war eines meiner Anliegen. Zudem natürlich generell, dass die Berglandwirtschaft mindestens zur Hälfte die Basis für den Tourismus im Gebirge und der Tourismus im Gebirge die wirtschaftliche Basis ist, um überhaupt Menschen im Gebirge zu halten. Das war ein anderes Thema.

Man muss verstehen, dass gerade in der Berglandwirtschaft oder in der Bergwirtschaft generell diese wilden Berge einerseits nicht unbedingt erschlossen werden müssen, auch nicht, wenn man es bergsteigerisch sieht – ich war und bin ja ein Bergsteiger –, dass man aber andererseits, wenn ich als Bergbauer denke, dort arbeiten können muss. Und ich bin wirklich ein Bergbauer: in meiner Erziehung, in meinem Aufwachsen, in meinen Kindheitserfahrungen und auch in den Gestaltungen meiner Bauernhöfe. Dadurch weiß ich, wo die Probleme liegen, was das kostet, wie schwierig das ist. Ich bin im Laufe meiner politischen Zeit mehr und mehr vom Bergsteiger zum Bergbauer geworden – auf Italienisch »dall'alpinista al montanaro«, der »montanaro« ist der Mensch, der in den Bergen lebt. Und ich habe ja auch weltweit in meiner Bergsteigerei langsam den Fokus von den Gipfeln und von den Wänden auf die Menschen vor Ort verschoben und geschaut, wie die das machen, wie die das lernen und dann mit der Stiftung gesagt: »Ich zeige euch, wie ich es bei euch machen würde«, um den Menschen dort eine Prosperität zu geben und ihr Überleben zu sichern.

Mit deiner Stiftung *Messner Mountain Foundation* leistest du Entwicklungshilfe in Berggebieten der Welt – wo eigentlich mittlerweile schon überall?
Kleinigkeiten in Südamerika und in Afrika, in den letzten Jahren hauptsächlich in Pakistan, im Westen des Himalaja, wo ich ein ganzes Dorf wiederaufgebaut habe, Schulen und kleine Krankenstationen errichtet habe. In Gegenden, wo die Menschen beim Weggehen waren, weil sie dort nicht mehr überleben

konnten und wo die Regierungsgelder nie hinreichten. Gerade helfen wir in erster Linie in Nepal, aber auch da habe ich jetzt umgesattelt und bin mehr und mehr dabei weniger allgemeine Projekte als einzelne Menschen zu unterstützen – zum Beispiel in Form eines Medizinstudiums in Kathmandu, damit ein Bergtal langfristig einen guten Arzt gewinnt. Ich habe es immer so gehalten, dass ich die Orte, die Menschen selbst kenne, dass ich mir das angeschaut habe. Natürlich habe ich aber auch dann und wann auf Briefe reagiert, wenn jemand um Hilfe gefragt hat und ich gemerkt habe, die brauchen das wirklich. Auch in Südtirol haben wir mehreren Familien mit einer größeren Summe aus großen Schwierigkeiten geholfen, wenn ein Hof abgebrannt ist oder ich gemerkt habe, die kommen nicht mehr weiter.

Diese verschiedenen »Bergler«-Kulturen und Modelle des Selbstversorgertums, die du im Zuge deiner Reisen in vielen Berggebieten dieser Welt kennengelernt hast, die thematisierst du im _MMM Ripa_. Ist das ein Herzensthema von dir?
Nein, das ist nur ein Thema, das zum Berg gehört – wie die übrigen auch. Aber es ist in seiner Größe und Ausstattung das zweitstärkste Museum, das ich gemacht habe. Bergbauernmuseen gibt's relativ viele in den Alpen, da bin ich kein Pionier und da war ich auch nicht gefordert, DAS Bergbauernmuseum zu machen. Aber mein Anliegen lag darin, dass ich zeigen wollte,

dass es diese Kultur und diese Problematik weltweit gibt, deshalb habe ich eine vergleichende völkerkundliche Ausstellung vorgelegt. Es ist ein sehr wichtiger Teil meines Museums, es ist ein wesentliches Thema. Neben den Bergbauern und ihrer Kultur gibt es noch weitere Schwerpunkte: Fels und Eis sind die beiden großen Elemente, an denen wir »herumsteigen« und aus denen die Berge gemacht sind; die mythologische Seite, die viel weiter zurückgeht als der Alpinismus, haben wir in Juval; und jetzt kommt noch der traditionelle Alpinismus dazu. Dieses letzte Museum ist am meisten auf mich persönlich fokussiert und mir ein Anliegen, weil der traditionelle Alpinismus riskiert unterzugehen.

Bleiben wir allgemein beim _MMM_: Wie passt das in dein autarkes Wirtschafts- und Lebensmodell?
Nachdem wir in der Familie mehr oder weniger abgesichert sind – erstens, weil ich eine Rente kriege, zweitens, weil Sabine auch tüchtig ist, und drittens, weil wir im Großen und Ganzen gut leben können –, habe ich eine neue Leidenschaft ausgelebt, indem ich diese Museen gemacht habe. Die Museumsgeschichte war eine Herausforderung wie die anderen auch, wie die Antarktisdurchquerung, wie vorher der Everest oder der Nanga Parbat: aus einer Idee Realität zu machen. Und es war für mich auch die gleiche Befriedigung. Ich bin nicht auf die Berge gestie-

gen, um zu sagen: Nachher mache ich ein Buch. Das war nur ein »Abfallprodukt«, war lediglich die Folge. Ich wäre, wenn ich die Mittel gehabt hätte, auch auf den Everest gestiegen, ohne überhaupt an ein Buch zu denken, ohne überhaupt einen Vortrag zu machen. Durch den Verkauf der »Abfallprodukte« konnte ich das jedoch weiterhin machen und natürlich habe ich das dann mit Leidenschaft betrieben, deswegen bin ich auch ein erfolgreicher Vortragsredner geworden. Aber das war nie das primäre Ziel. Das primäre Ziel war diesen Berg, diese Wand zu besteigen. Erstmals einen Achttausender allein, erstmals die höchste Wand der Welt, erstmals eine Achttausenderüberschreitung, erstmals Doppelüberschreitung, erstmals Everest ohne Maske. Alles Sachen, die als Tabu, als nicht machbar galten, bevor ich es widerlegt habe. Das war verboten in der Szene – Tabu ist Tabu, die Bergsteigerei war teils wie eine Religion: Das darf man nicht machen! Und genau das reizte mich, das ist genau das, was ich mache: Ich breche Tabus.

Ja, das weiß ich. Es ging dir nie um die Rekorde dabei …
Rekorde haben nur die Journalisten daraus gemacht, weil sie es so verkaufen konnten, weil es im Sport halt so ist. Doch mein Tun ist kein Sport. Ich hatte nicht mehr die Möglichkeit, als Erster am Südpol zu sein oder am Everestgipfel – das wurde damals übrigens nicht als Rekord, sondern als große geografische Er-

oberung verkauft. Von den Journalisten, nicht von Hillary. Wir hatten diese Möglichkeit nicht mehr, bei uns hat man das Ganze in den Sport gedrängt. Aber das ging nicht von mir aus, ich habe immer gesagt: »Ich bin ein Abenteurer, ich mache einfach Sachen, die als unmöglich gelten.«

Wie siehst du in diesem Zusammenhang das Entstehen deiner Museen?
Auch dabei machte ich das scheinbar Unmögliche möglich, denn ich stieß mit diesem Vorhaben auf noch mehr Widerstand als bei all meinen vorherigen Ideen. Doch nur weil man mich da und dort bremsen wollte, ist das Projekt noch größer und schöner geworden. Heute ist es besser gelungen, als ich es mir ursprünglich ausgedacht hatte. Ich habe in den letzten Jahren viel mehr, immer mehr fokussiert. Das war auch nötig, denn das *MMM* ist gewachsen. Dass nun das Museum am Kronplatz dazukommen wird, sehe ich im Moment nicht nur positiv, denn damit sind es mehr als genug, es könnte aber eine schöne Ergänzung werden.

Die Museen sind von dir so angelegt, dass sie unabhängig sind, sich wirtschaftlich selbst tragen, ohne Subventionen auskommen.
Ganz genau, anders ginge es nicht: Ich will nicht, dass mir da

ständig jemand dreinredet, also stemme ich die Finanzierung alleine.

Sag, hast du ein Lieblingshaus?

Nein, nein, nein – die sind alle unverwechselbar. Und das ist gut so. Natürlich ist *Firmian* das größte und mit seiner genialen Architektur ein Beispiel dafür, wie man heute solche Objekte sanieren könnte. Natürlich ist es auch DAS Südtiroler historische Haus generell – für mich wichtiger als Schloss Tirol, wahrscheinlich auch viel älter – und es hat eine fantastische Lage. Dort hatte ich die Spitze der Widerstände gegen mich und es war sehr knapp, dass es überhaupt gelang. Aber es ist gelungen.

Du hast die Museen teils in Strukturen untergebracht, die vorher ganz anders genutzt wurden. Ähnlich wie Bauern, die das ebenfalls ganz praktisch machen – die das baufällige Wohnhaus beispielsweise kurzerhand zum Schafstall umfunktionieren. Haben dir dieses pragmatisch-praktische Denken deine Eltern mitgegeben?

Unser Vater hat schon ein bisschen was gebaut für die Hühner, hat herumgebastelt, aber ich habe da eine ganz andere Vorstellung: Ich bin der Meinung, dass es viel zu viel Energie kostet, alte Strukturen abzureißen und neu zu bauen; es ist billiger, auch wenn es sehr viel Zeit und Fingerspitzengefühl erfordert, jedes Objekt, das noch einigermaßen gute Grundfeste hat, so zu gestalten und zu ergänzen, dass etwas Besseres herauskommt als neu zu bauen. Wenn man mit neuen Elementen eine alte Struktur behutsam ergänzt, das ist die Kunst.

Du erzählst ja Geschichten: als gefragter Vortragsredner, Autor, Museumsdirektor und bald Regisseur. Dabei hast du eine ungeheure Vorstellungsgabe und immer alles schon im Kopf gedanklich »fertig«, bevor du anfängst, es umzusetzen. Egal, ob du Juval während Expeditionen im Geiste eingerichtet hast, oder Wände bzw. Felslinien schon im Vorhinein im Traum durchstiegen bist, die Museen gestaltet hast – ist diese mentale Kraft, neben deinem starken Willen, eine deiner größten Stärken?

Das ist nicht ganz genau so, wie du sagst … Bevor ich einen Film mache – wenn ich überhaupt je einen mache – oder ein Buch schreibe, habe ich das Buch im Kopf, das ist richtig, aber nicht im Detail. Das heißt, während des Arbeitens entstehen die Bilder, die Sprachbilder, die Details. Vorher habe ich lediglich einen Überblick, ich sehe sozusagen den Rohbau, den fertigen Rohbau. Bei mir ist das so: Wenn ich mich mit einem Thema beschäftige, wie mit den Achttausendern – einer nach dem anderen zwar, aber mit der Zeit werden es die Achttausender –,

dann bin ich sowohl im Tagtraum als auch im Nachttraum dabei. Ich kann mich da sehr fokussieren und ich träume davon, wenn auch natürlich ganz sonderbar gemischt. Wenn ich dann aufwache, weiter denke, dann entstehen Ideen und ich fange an, Sachen beiseitezulegen, Skizzen, Ideen. Manche Ideen werden mir auch zugetragen: Das Museum irgendwo schon mit dem Erhalt des Hammers von Paul Preuss und dann in Grönland, wo ich während des Unterwegsseins die Texte zum *Alpine Curiosa* geschrieben habe. Das konnte ich mir ja vorstellen und da hatte ich viel Zeit.

An welchen Orten du dich konzentrieren kannst: Im hektischsten, lautesten Trubel sitzt du versunken da und schreibst an einem Buch, das ist beneidenswert! Den meisten anderen würde schon eine Sache von den vielen, die du gemacht hast oder machst, reichen. Ist das nicht auch unglaublich anstrengend und kostet viel Energie?

Es kostet nur Energie, weil sie mich nicht lassen. Wenn man mich lassen würde, wenn man mich immer reibungslos gelassen hätte, hätte ich noch viel mehr machen können. Aber vielleicht wäre es dann langweilig geworden, vielleicht hätte ich nicht diese Energie entwickelt, die auch teils aus den Widerständen kam. Wenn ich eine Geschichte so weit gebracht habe, dass ich sie nicht weiter verbessern kann, dann brauche ich eine neue Herausforderung.

So war es schon bei der Felskletterei, meiner ersten großen Leidenschaft: Nachdem ich meine Zehen erfroren hatte, habe ich gemerkt, ich werde nie mehr so klettern können, wie ich geklettert war. Auch wenn ich noch so viel trainiere und es noch so oft probiere. Ich hatte noch viele Ideen, mindestens so viele, wie ich als Kletterer schon umgesetzt hatte, und dennoch habe ich mich entschieden, mein Tun auf die ganz großen Berge zu fokussieren, denn dort spielten die Erfrierungen keine Rolle. Der zweite Umstieg hat sich ebenfalls zwangsläufig ergeben: 1982, als ich zwei Achttausender in zwei Monaten gemacht hatte und mir nur noch vier fehlten, habe ich gesagt: Dann mache ich halt die vier, aber dann mache ich etwas Neues, weil es langweilig geworden wäre. Bei den Achttausendern sind mir die Ziele ausgegangen, nicht die Ideen. Natürlich hätte ich nochmals auf den Everest steigen können und nochmals Irrealeres machen können, aber ich hätte mich wiederholt, das hätte mir keine Freude gemacht. Deswegen habe ich das abrupt abgebrochen und mein Studium – du musst ja jeden Berg studieren, ich habe dabei immer auch die Historie mitgenommen, alles, was es dazu gab – sowie meine Interessen zuerst einmal auf Tibet und dann auf die Antarktis gelenkt.

Oben ~ Nach 33 Jahren gab der Diamirgletscher am Nanga Parbat die sterblichen Überreste Günther Messners frei. Günthers Schuh ist eine Spezialanfertigung der Brüder Messner und steht heute im Gedenkraum des *MMM Firmian*.

War das bitter für dich, als du plötzlich nicht mehr in der Lage warst, so schwierige Felsklettereien zu meistern?
Zu Beginn schon, aber nicht lange. Ich habe schon ein Jahr nach dem Verlust der Zehen fünf Reisen gemacht, zum Teil als Bergführer. Ich habe Siebentausender und in Neuguinea den höchsten Berg bestiegen, am Nanga Parbat nach dem Günther gesucht, dann bin ich in Nepal und in Persien, im heutigen Iran, gewesen und habe dort einen Berggipfel bestiegen.

Du hast dir also immer schon schnell neue Aufgaben gesucht.
Ja, das waren zwar klettertechnisch alles leichtere Touren, als ich vorher gemacht habe, aber dafür in anderen Dimensionen – in größerer Höhe, exotischer, weit weg, völlig andere Landschaft, anderes Klima.

Meinst du, du hast immer so viel gemacht und so ein besonders reiches, volles Abenteuerleben geführt, weil du das Gefühl hattest, du machst das nicht nur für dich, sondern auch für Günther?
Nein. Dass er mir einen Teil der Energie weitergegeben hat, ist eines, aber ich kann nichts für den anderen machen, der ist tot. Der ist nur bei allem dabei, in Gedanken, in der Erinnerung, aber ich mache es nicht für ihn. Auch nicht, um ihm ein Denkmal zu setzen – das hat er sich selbst gesetzt, mit seinen eigenen Touren.

Aber du hast das Gefühl, er hat dir seine Energie hinterlassen?
Ja, aber das ist nur ein Gefühl, nicht messbar.

Du hast immer ungeheuer viel parallel gemacht. Wie kommt es dir heute vor: Bist du ruhiger geworden, auch zufriedener?

Zufrieden … (*lacht*). Nun, ich bin zufriedener, weil ich sage: Ich habe bestimmte Notwendigkeiten nicht mehr. Ich muss mich jetzt nicht mehr mit jedem prügeln, ich muss auch nicht zu jeder Veranstaltung gehen. Wir sagen heute viel mehr ab – das war in der Politik viel schwieriger, da wird jeder Satz, den du öffentlich sagst, zerlegt und die Leute sind zum Teil völlig unbelehrbar, haben oft keine Ahnung und beschweren sich trotzdem per E-Mail. Ich habe mich zum Beispiel zum Flugplatz in München positiv geäußert und schon kamen ganze Shitstorms, regelrechte Hassbriefe. Aber ich habe mehr Freiraum und ich versuche jetzt, nachdem ich älter werde und weniger Energie habe, dieses bisschen Energie für die Sachen aufzubewahren, die mir wirklich wichtig sind. Die Voraussetzung ist dafür natürlich, dass ich planen kann, denn immer wenn ich von anderen abhängig bin, kann ich schwer arbeiten.

Ist es das, was dich heute noch am ehesten aufregen kann?

Ja, das Abhängigsein von anderen. Aber bestimmte Sachen kann ich nicht machen ohne Abhängigkeit. Gerade im Filmgeschäft.

Natürlich, so eine große Filmfinanzierung ist nicht ohne. Hast du heute Sorgen, Papa? Hast du bestimmte Ängste?

Nein, ich selber habe keine Sorgen. Aber ich werde älter und ich werde wahrscheinlich früher oder später krank oder dement oder was auch immer.

Na hoffentlich nicht!

Das weiß man nie. Wenn ich nicht mehr mobil bin, wenn ich nicht mehr gesund bin, dann werde ich ein Problem kriegen, meine Energie und meine Ideen streichen müssen.

Belastet dich das?

Nein, im Moment nicht. Ich bin noch froh und ich habe viele Verpflichtungen, die mich in Bewegung halten: Allein in diesem Jahr habe ich das Museum am Kronplatz zu füllen, am Monte Rite mache ich alles neu. Dann muss ich alle Texte schreiben und auch das Buch zu meinem 70. Geburtstag fertig stellen – da kommen im Herbst sicherlich zahlreiche Fernsehauftritte auf mich zu … Deswegen muss ich die Zeit gut einteilen.

Du arbeitest konsequent und diszipliniert, du musst nur schauen, dass du dich dabei nicht übernimmst, das ist wichtig!

Im Moment habe ich keine Sorgen.

Du schläfst seit Jahren sehr unruhig. Rücken die Erinnerungen und Erlebnisse näher?

Nein, das glaube ich nicht. Ich glaube eher, dass ein Leben wie meines, in dem ich sehr großen Gefahren ausgesetzt war, instinktiv viel wacher macht – auch nachts, also im Traum – als ein Leben, das man in einer Pseudosicherheit, in der Zivilisation führt. Und ich komme mehr und mehr drauf, dass diese Unruhe in der Tat auch damit zu tun hat, wenn ich mich beengt und bedrängt fühle von Außenkräften, wenn man mich meine Projekte nicht umsetzen lässt. Dann wehre ich mich unterbewusst dagegen, in meinen Träumen.

Du hast dein Leben lang trotz zahlreicher Rückschläge weitergemacht. Was treibt dich an?

Ich habe durch die Expeditionen so viel erlebt, gelernt; mit Freunden wie Christoph Ransmayr diskutiert – das gibt so viel Stoff, ich sauge alle Erfahrungen regelrecht auf. Ich konnte das Museum erst mit 55+ machen, vorher hatte ich einfach nicht die Ruhe und auch nicht das Know-how dazu.

Die sprachliche Ebene kommt noch dazu – eigentlich zieht sich das wie ein roter Faden durch dein Leben: das Sichausdrücken, das Erzählen.

Richtig. Ich habe mit 16, 17 Jahren die ersten Geschichten geschrieben und veröffentlicht. Ich bin einer der wenigen Bergsteiger, der auch über andere erzählt, der historische Sachen schreibt und aufarbeitet. Auch wenn sich das finanziell gesehen noch weniger trägt als die eigenen Geschichten, denn die schreibe ich viel schneller.

In dieser Hinsicht bist du ungewöhnlich belesen. Ich glaube, dass es die Alpinhistorie betreffend kaum jemand mit dir aufnehmen kann.

Das kann auch niemand. Ich glaube sogar, dass ich mit allen Bergsteigern der Welt auf die Bühne gehen könnte und diese mir zu Bergthemen, Fragen historischer Natur und Daten betreffend in der Summe nicht das Wasser reichen können.

Wie hast du dir diese Zusammenhänge angeeignet?

Das ist wie bei einem Professor oder Wissenschaftler, der sich in ein Thema einliest und vertieft. Der muss am Ende nichts mehr studieren. Der weiß, nur ein Hunderttausendstel hat bisher gefehlt und sobald er auch das verinnerlicht hat, kann er das Ganze verbinden. Das ist dann die Folge von viel geschrieben, viel recherchiert, viel gelesen, viel diskutiert haben. Ich habe großartige Bergsteigerfreunde, wie Oswald Oelz.

Wo dann ein anregender Austausch stattfindet.
Ja, genau. Oder beim Schreiben mit Christoph Ransmayr, der auch ein Abenteurer ist und der sich gut auskennt in seiner Welt.

Papa, haben wir Kinder dich verändert?
Hmm … (*lacht*) Generell ist es meine größte Errungenschaft, dass ihr Kinder da seid. Stell dir vor, ich hätte heute keine Kinder! Ich hätte trotzdem das Ganze gemacht, aber es würde sich wahrscheinlich schon so mancher überlegen, wer das Schloss kriegt … Aber das ist nicht wichtig, wichtig ist: Sabine hat euch großgezogen, es ist ihr Verdienst, dass ihr so bodenständig seid. Ich war da, habe euch alle Entwicklungsmöglichkeiten und Freiheiten gelassen. Nicht gegeben, nur gelassen. Mehr konnte ich nicht tun. Für mich war das eine Bereicherung. Für Sabine war es mehr als das, auch eine Verpflichtung. Was es ja eigentlich für mich auch war.

Es ist schon interessant: Ich habe das nie hinterfragt, für uns war es immer selbstverständlich und völlig klar, dass du das machen musst, dass das Aufbrechen und Zurückkommen zu dir gehören. Angst um dich habe ich dabei selten verspürt. Wahrscheinlich, weil Mama sich ihre Sorgen nicht anmerken ließ und Ruhe ausstrahlte. Hast du dich in deinem Abenteurertum, gerade als wir noch klein waren, eingebremst gefühlt?
Nein. Das hatte mit euch nichts zu tun, dass das immer weniger wurde, sondern damit, dass ich mir den Fuß kaputt gemacht habe, älter geworden und in die Politik gegangen bin. Dabei habe ich wieder viel gelernt. Am Ende bleibt, wenn du so viele Projekte und Objekte hast, nur die Verantwortung. Es wird eine Belastung und mehr und mehr klar, dass nur die Spitzenobjekte es wert sind, behalten zu werden.

Wo fühlst du dich am ehesten zu Hause?
Ich werde wahrscheinlich – ich sehe das schon langsam kommen –, vorausgesetzt, ich bin mit 80 noch fit im Kopf und kann noch selbst Autofahren, von Museum zu Museum hoppeln: Geschichten erzählen und eine Aufgabe haben, alle fünf Jahre ein Buch schreiben oder vielleicht auch keines mehr.

Das sind neue Töne, Papa, denn bisher hast du immer gesagt, dass du dich als alter Mann in eine Höhle als Einsiedler zurückziehen willst, was ich dir nie ganz abgenommen habe.
Das werde ich zum Teil machen, aber ich glaube, dass Sabine und ich im Winter später irgendwo in den Süden ziehen. Der schönste Wohnplatz aber ist und bleibt unbestreitbar Juval, das ist einfach so.

Du bist mir aber wieder einmal ausgewichen, deshalb nochmal: Wo fühlst du dich nun zu Hause, wo bist du am meisten verwurzelt?
Dort, wo die Kinder sind, wo ihr seid. Jetzt ist meistens nur noch die Anna da, weil ihr Großen schon selbstständig seid, aber wo meine Familie ist, bin ich zu Hause.

Die Kombination Meran-Juval hat sich ja wirklich bewährt. Oder würdest du es im Nachhinein anders machen?
Nein, für die Schulzeit von euch, das heißt für die Anna noch bis zum Abitur, ist Meran-Juval das Ideale. Vielleicht fürs Alter nicht mehr, da ist dann eventuell München-Juval besser, aber da gibt's viele Möglichkeiten.

Dieses, dein Lebensmodell hat eigentlich nur funktioniert, weil dir Mama im privaten Bereich den Rücken freigehalten und Ruth die bürokratische Verwaltung der immer größeren Unternehmungen übernommen hat.
Absolut richtig.

Hättest du diese beiden Frauen also nicht »gefunden«, dann hättest du dein Leben so nicht leben können?
Nein, dann hätte ich das nicht machen können.

Von daher setzt Mama das mit dem Selbstversorgertum viel eher um als du.
Ja, weil sie sich die Zeit dazu nimmt. Ich hatte, nachdem ich dem Hof mehr oder weniger eine Richtung gegeben habe, nicht mehr die Zeit. Als Politiker, Reisender, Museumsgestalter hatte ich nicht mehr den Kopf frei, um auf Juval zu sagen, ob dieses Schwein oder jenes Schaf belegt werden sollte. Aber Sabine macht die ganzen Gärten, die Einkocherei, sie kümmert sich um alles und das macht sie grandios. Sie ist eigentlich die Macherin in der ganzen Geschichte. Wir haben das immer geteilt – ob gerecht oder nicht, ist eine andere Frage –, sie trägt heute ihren Teil der Verantwortung, ich trage meinen.

Erst kürzlich, ich weiß nicht, ob du dich daran erinnerst, fragte dich Anna beim Frühstück, ob du nun als Beruf auch Regisseur bist. Und du meintest: »Genau, aber ich bin auch weiterhin Mu-

Rechts ~ Die fünfköpfige Familie Messner: Wir alle – meine Eltern, mein Bruder Simon, meine Schwester Anna und ich – freuen uns immer auf die entschleunigte »Juval-Zeit« im Sommer.

seumsdirektor, Autor und Bauer.« Das konnte sie nachvollziehen, doch bei Bauer stutze sie und sagte: »Aber Papa, du weißt ja nicht mal, wie man einen Traktor richtig fährt!«
Das mache ich auch nicht. (lacht)

Ja eben, warum bestehst du dennoch auf Bauer? Du bist doch viel eher ein »Hofbesitzer«?
Nein, ich bin Bauer. Ich lebe im Zustand eines Selbstversorgers, der das Gefühl hat: Ich kann nicht verhungern mit meiner Familie. Und auch, weil ich das alles kann: Ich kann Holz aus dem Wald holen, ich kann ein Schwein schlachten, ein Huhn rupfen und Simon kann es wahrscheinlich bald besser als ich. Aber vor allem: Der Bauer früher – natürlich klingt das sehr großspurig, aber so war es – hat das auch nicht selbst gemacht, er hat lediglich organisiert, er hat die Anleitungen gegeben.

Das stimmt, aber warum ist es dir so wichtig, dass als Berufsbezeichnung Bauer in deinem Personalausweis steht? Weil du dich noch am ehesten von allen möglichen Berufen damit identifizieren kannst?
Bergbauer, ja. Das ist der einzige Beruf, den ich eventuell habe, obwohl das eher ein Zustand als ein richtiger Beruf ist. Im Pass steht es ja heute nicht mehr, aber früher stand bei mir Bergbauer und in meinem Ausweis steht es nach wie vor. Auch wenn ich an Grenzen Einreiseformulare ausfüllen muss, gebe ich immer Farmer an.

Ich kann mich erinnern, früher – und das hast du vorhin auch erwähnt – hast du noch viel mehr selbst Hand angelegt. Fehlt dir diese praktische Betätigung mit den Händen nicht als Ausgleich zu deinen geistigen Aktivitäten?
Inzwischen werde ich langsam ungeschickt. Natürlich kann ich noch immer Holz hacken, aber man wird ungeschickter – man sollte es früher oder später nicht mehr tun.

Aber kleine Aufgaben, die nicht so viel Geschicklichkeit erfordern, gingen ja trotzdem noch.
Ja, aber wir haben Pächter, denen möchte ich nicht hineinpfuschen. Und es fehlt mir nicht.

Wie fandest du es, als Simon sich entschloss, eine landwirtschaftliche Oberschule zu besuchen?
Das hat mich gefreut, ich meine, das war ja auch mein Wunsch. Ich würde es Anna ebenso raten, aber sie wird's nicht tun.

Wer weiß, bis dahin ist noch Zeit. Und wie fandest du meine Studienwahl, das Doppelstudium Kunstgeschichte-Wirtschaft?
Das ist gut, es ist eine praktische Kombination – die könntest du brauchen, wenn du das Museum übernimmst, auch wenn du es nur so nebenbei machst wie ich. Du siehst ja, wie ich nebenbei Museumsdirektor bin, obwohl ich in diesen letzten 15 Jahren das Ganze auch noch aufgebaut und nur langsam Mitarbeiter eingestellt habe. Man kann das gut parallel machen. Natürlich hat man dann mehr Angestellte, aber man kann die Direktiven geben und dann läuft das. Dazu muss man natürlich auch die Grundvoraussetzung haben. Das ist bei dir mit deiner Diplomarbeit der Fall, durch die du einen ganz starken Einblick und eine starke Bindung zu Juval gekriegt hast.

Ja, eindeutig.
Bei mir ist das so entstanden, dass ich das Schloss gekauft habe und jemand gesagt hat: »Das sind Riemenschneider-Fresken.« Oder: »Die Grundstücksgrenze verläuft nicht genau beim Bach.« Ich habe es auf diese Art und Weise, langsam Schritt für Schritt kennengelernt, dann die Bauernhöfe noch dazugekauft und beim Bauen mit den Zuständigen vom Denkmalamt geredet – so habe ich Einblick bekommen und eine Bindung entwickelt. Ihr Kinder seid dort oben aufgewachsen, das ist die stärkste Verbundenheit überhaupt. Doch durch deine Arbeit hast du dir zudem eine intellektuelle und damit hintergründigere Bindung angeeignet.

Als Kind habe ich mich oft gefragt, wie du dich auf deinen Expeditionen in aller Welt eigentlich mit den Menschen unterhältst. Und ich kann mich erinnern, wie beeindruckt ich damals war, als ich dich danach fragte und du meintest: »Ich rede einfach im Südtiroler Dialekt mit ihnen, das funktioniert tadellos!« Mittlerweile weiß ich, dass das wirklich so ist, denn Selbstversorger sprechen eine universelle Sprache, auch in praktischer Hinsicht. Wie hast du das erlebt?
(lacht) Du redest mit Händen und Füßen und wenn du wirklich nichts verstehst, kannst du jede Sprache sprechen, auch Südtirolerisch, völlig egal – gerade Kraftausdrücke. Aber die größere Kunst als das Sprechen ist das Zuhören. Man muss genau hinhören, auf die Hände und Augen der Leute schauen, dann versteht man, was sie sagen wollen. Ich habe das relativ schnell wieder raus, wenn ich dort bin. Das ist die jahrelange Erfahrung, denn zwischen Schauen und Hören liegt das Verstehen.

Du liebst ja nicht nur das Gestalten und Sammeln, sondern vor allem das Feilschen und Handeln – eigentlich auch ein bäuerlicher Charakterzug.

Ja, das ist richtig, der Bauer hat immer gehandelt, und vor allem in Asien ist es sehr wichtig, dass der richtige Preis zwischen Verkäufer und Käufer erarbeitet wird, ansonsten wirst du nicht ernst genommen. Du wirst auch als Kunde erst geschätzt, wenn sie merken, du bemühst dich um eine gerechte Preisgestaltung.

Da hast du ein feines Gespür und es macht dir auch richtig Spaß – es ist wie ein Spiel.
Etwas Schönes finden, es beurteilen und dann auf Augenhöhe erhandeln. Ja, das beglückt mich.

Für die letzte Frage, Papa, hole ich etwas weiter aus: Du sammelst nicht nur Kunst, Reliquien, erlebte Geschichten oder früher Erstbegehungen, du pflückst im Garten auch gerne reifes Obst, und wenn du durch den Juvaler Wald streifst, hast du immer ein Fernglas dabei, um im besten Fall Hirsche, Rehe und Gemsen beobachten zu können. Otto bezeichnet dich während seiner Schlossführungen auf Juval manchmal als »Sammler und Jäger«, kannst du dich damit identifizieren?
Ja. Ja, das ist richtig. Ich bin ein Sammler von Erfahrungen, von Kunst, auch von Wissen. Gerade auf Juval die ganzen alten Pfade abzugehen und zu sehen, wie vor Jahrhunderten das ganze Land mit einem Spinnennetz von Steigen belegt war, da oben spazieren oder in den Wald und damit auf den Berg zu gehen, ohne dass einem das ganze Jahr über irgendjemand auf diesen Wegen begegnet, das ist wunderbar! Es gibt kaum ein Land, wo du einfach aus dem Haus gehen kannst und in einem Naturgarten bist, der besser als jeder englische Garten in München ist. Und noch dazu bist du allein. Ebenso automatisch im Zoo, weil immer irgendwelche Rehe oder Gemsen oder Hirsche irgendwo herum streifen. Ich begegne ihnen fast immer, so werde ich da oben langsam heimisch. In Villnöß habe ich alle Wege gekannt, da bin ich viel gelaufen, habe trainiert und kannte jeden Baum. Das war die Verwurzelung. Und in Juval habe ich sie jetzt auch.

Über die Autoren

Magdalena Maria Messner, 1988 in München geboren, ist in Südtirol aufgewachsen und absolvierte ein Doppelstudium: Kunstgeschichte sowie Wirtschaft in Wien und Rom. Bereits mit 14 Jahren tippte sie all die hand- geschriebenen Texte ihres Vaters Reinhold Messner. Nach Erscheinen ihrer Diplomarbeit »Juwel Juval«, in der sie ausschließlich ihr Zuhause Schloss Juval kunsthistorisch untersuchte, erscheint nun ihr zweites Buch. Darin setzt sie sich mit dem Modell des Selbstversorgertums ihres Vaters auseinander und erläutert es anhand der familieneige- nen sowie anderen familiengeführten Betrieben inklusive des Messner Mountain Museums – in dem Magdalena Maria Messner ihre berufliche sowie persönliche Zukunft sieht.

Udo Bernhart, geboren 1956 in Bozen, Südtirol, lebt seit mehr als 30 Jahren in Frankfurt – für den freien Fo- tografen und Fotojournalisten das Tor zur Welt. Vom nahegelegenen Rhein-Main-Flughafen aus kann er beinahe jede Destination der Welt in weniger als 30 Stunden erreichen. Seine große Leidenschaft ist die Reportage und die Suche nach immer neuen Themen. Er hat die Fotografie zu seinem Leben gemacht. Seine Bilder und Reportagen werden in nationalen und internationalen Magazinen und Zeitschriften veröffentlicht. Bis heute hat er an die 100 Bücher, Bildbände und Reiseführer fotografiert. Bei BLV Verlag erschienen bisher: »Seiser Alm – Landschaft und Jahreszeiten Natur und Kultur« und »Vom einfachen Leben mit der Natur – Persönliche Einblicke in Klosterwel- ten«. 2003 erhielt er auf der Frankfurter Buchmesse den ENIT-Preis für das beste Reisebuch über Italien.

Impressum

Bibliografische Information der Deutschen Nationalbibliothek
Die Deutsche Nationalbibliothek verzeichnet diese Publikation in der Deutschen Nationalbibliografie; detaillierte bibliografische Daten sind im Internet über http://dnb.d-nb.de abrufbar.

BLV Buchverlag
GmbH & Co. KG
80797 München

© 2014 BLV Buchverlag GmbH & Co. KG, München

www.facebook.com/blv.verlag

Bildnachweis:
Alle Fotos Udo Bernhart, außer: S. 8/9, 30, 133: Georg Tappeiner
S. 22-29: Hans Luthmann, Sammlung Reinhold Messner
S. 34/36/38: Archiv Juval, Reinhold Messner
S. 138: Harald Wisthaler, Kronplatz; S. 140: Zaha Hadid, Kronplatz

Umschlagkonzeption: Kochan & Partner, München
Umschlagfotos: Frieder Blickle (vorne), Udo Bernhart (hinten)

Lektorat: Sarah Weiß
Herstellung: Hermann Maxant
Layoutkonzept Innenteil: griesbeckdesign, München
DTP: griesbeckdesign, München
Gedruckt auf chlorfrei gebleichtem Papier

Printed in Italy – ISBN 978-3-8354-1307-8

Hinweis
Das vorliegende Buch wurde sorgfältig erarbeitet. Dennoch erfolgen alle Angaben ohne Gewähr. Weder Autor noch Verlag können für eventuelle Nachteile oder Schäden, die aus den im Buch vorgestell- ten Informationen resultieren, eine Haftung übernehmen.